原食材@始健康

if Linda then Nico@Passion for Real Food

尋找對身體最好的優質食材

鄒潔瑜·鄒潔慧·著

唯 靈

　　兩年前的中秋，吾友 Christopher 送來了一盒「紅棗五仁月」，包裝實而不華，但見心思，盛載着四個手工月餅。自家製的紅棗蓉配合了五種不同的果仁，紅棗味郁香，果仁香濃，恰到好處，非一般的五仁月。隨後友人相約了兩位姊妹，來到中環老地方一起飲早茶。兩姊妹一見面，如見偶像般，稱呼區區為「前輩」。原來這兩位「小粉絲」就是那「紅棗月餅」的出品人。

　　閒談中，家姐 Linda 表示：「在廿多年前，已和前輩有過一面之緣。事緣當年為一間百年老號開發 XO 醬……」區區依稀記得，當時被邀請，作新產品品嘗大會嘉賓。

　　這對鄒氏姊妹，連她們媽媽也是區區的讀者，同是順德人。一直有看報張、雜誌的專欄和著作。她倆從小受父母的薰陶，愛煮能煮，更開創自己的食品夢工場。年輕好新奇、老來愛懷舊乃人之常情，飲食口味尤其如是。可是，這兩位後輩，受的是西方教育，卻不是開店，整蛋糕、焗曲奇，而是向難度挑戰，不怕辛苦，開間食品廠，以傳統方法製造節日糕餅，鑽研養生食品。

　　她們實踐理想，把「中國節日傳統食品」和「中國燉湯養生文化」推向國際，希望在推廣中國飲食文化之餘，讓豐厚的文化遺產得以傳承下去。她們果真不負所望，其產品月餅、年糕、燉湯屢獲國際優質獎項，得世界認同。

　　今年書展，兩姊妹更拍擋，撰寫了《原食材 @ 始健康》，把家中食事、家常菜式，配合多年飲食心得、營養養生、食物知識輯錄成書，是學術與烹調的結合，融於生活中，非一般的食譜。書中，字裏行間，更流露了兩姊妹對家庭之愛、兄妹之情。母女情深、父女交流，都離不開「食」，充滿着濃濃的順德飲食文化，更有客家飲食品味的傳承。

唯靈

資深飲食評論家
國際美酒佳餚鑑評家
順德區廚師協會名譽會長
香港信報財經新聞專欄作家
前香港旅遊協會，公共關係及飲食顧問（1964 至 1989 年）
前太古集團、文華酒店及食街集團顧問
前星島日報集團財經專欄作家及增刊總編輯（1972 至 1988 年）

曾 智 華

兩 顆 燃 燒 的 心

讀大學時，上哲學堂，教授問同學：「誰人想成功？」個個舉手。他接着問：「你們可有一個燃燒慾念（A Burning Desire）去追尋自己理想的目標呢？」全場你眼望我眼。

成功，不是口講可以得來的，必須經歷千辛萬苦，能人所不能。所以，沒有一個燃燒慾念及一顆熾熱的心，絕難排眾而出。

出社會工作後，加入廣播界，我有機會訪問各行各業頂尖人物，發覺他們正有一個共同特徵，擁有一個燃燒慾念，不停提升自己；同時，為追尋目標，不怕捱苦，不會計較，廢寢忘餐視作等閒。

近日大家見到的香港拳壇新星曹星如，與及馬圈光芒四射見習騎師蔣嘉琦，正有上述特質。正當其他年青人沉迷打機及夜蒲，對假期、福利及回報斤斤計較時，他們則日日夜夜咬緊牙關苦練，披星戴月提升自己水平，有着「洛奇」（Rocky）一般的超人意志。

早幾年，認識了鄒潔瑜、鄒潔慧姊妹，亦在他們身上，感受到一股熱流，來自兩顆燃燒的心。兩姊妹追尋的理想目標，非常逆大潮流 —— 將手造不添加化學物質的食物發揚光大。

今時今日，手造？無添加？得嗎？成本如此龐大，怎生存？一雙手，可以做出多少食物，符合經濟效益嗎？

以上問題，一一被 Linda 及 Nico 的 Burning Desire 蓋過。多年來，只咬咬牙，向自己堅持的目標進發。2014 年，終於有回報了，他們開始得到國際級認可，自家製作的曲奇「皇后的點心」，獲取被譽為「食物諾貝爾獎」的國際優質食品評鑒組織 Monde Selection — International Institute Quality Selection 頒發銀獎。2015 年，更進一步，以紅棗月餅參賽，奪得最高榮譽大金獎。

今年呢，再冧莊，其中式年糕再獲頒最高榮譽大金獎。

兩姊妹將食物科學、營養學及安全學，配以中醫養生精髓，融入製作的每項食品中。她們的心得，全部收錄在這本書中。我毫無保留向大家作出衷誠的推薦。

2016.6
資深傳媒人

尹鎮偉醫生

認識鄒氏姊妹要從認識她們哥哥説起。

大哥鄒易衡，太太兩次懷孕也選擇我為接生醫生。經歷多次產檢，最後順利誕下兩個健康寶寶，我們也成為了好朋友。

鄒先生年青時在加拿大讀書，有一個神奇的經歷……得高人指點迷津，之後高人説他有慧根收他為徒，傾囊傳授風水術數給他，加上他在設計和美術上的天份，成為了成功的室內設計師。我的診所和家居都是他設計裝修的，多得他的風水佈局，過去十多年都順風順水，家宅平安。

鄒氏一家都是愛吃之人，為我這個饞嘴的醫生添不少口福。果仁朱古力、少糖少油香脆曲奇餅「皇后的點心」、足料惹味 XO 醬、養生補身老火燉湯等美味食物，久不久會送來診所給我。過時過節更少不了應節食品：端午節的糉子、中秋節的月餅、過年的年糕、蘿蔔糕、紅棗糕，都是她們的精心出品，用最好的天然材料，健康的烹調方法，做出「吃得有營、食得健康」的過節佳品。

家姐 Linda 修讀食物科學專業，受過正統的營養學訓練，又在飲食界打滾了多年，對製造美味又有營養的食物有扎實的根基。妹妹 Nico 在瑞士主修餐飲管理，遺傳了鄒氏的烹飪基因，做得一手好菜。姊妹同心其利斷金，她們創辦的「Passion for Real Food」專門製造有特色、營養又美味的食物。她們的作品多次獲得國際優質食品獎項，實在是香港之光榮。

醫食同源。「我們就是我們所吃的」。「We are what we eat」。現今很多研究都指出食物對人體健康至為重要，很多疾病都因為飲食不當而起。多鹽多糖多油導致高血壓、糖尿病、心臟病，食物纖維不夠增加患大腸癌風險等。鄒氏姊妹將食物營養的知識和烹調美食的技巧寫成這本書和大家分享，希望大家能飲食得好、健康更好。

廖子良

飲 食 健 康 文 化 的 愛 與 誠

記得小學六年級的時候，老師要我們以「我的志願」為題寫一篇文章。我回家問媽媽，我應該以甚麼職業作為我的志願呢？媽媽笑着回答，只要選擇一個自己熱愛的工作，付出自己畢生最大的誠意來做好，你一定會成功的。到長大的時候，幸運地當上了醫生，也常常訓誨醫科學生和年青的醫生，不要看輕每一個看似簡單的手術，應以最大的誠意來做好，因為每一個手術的成敗，也關乎病人本身，以至他一家上下老幼的快樂和幸福。

説到對工作和事業而付出最大的熱愛和誠意，我一定想起鄒潔瑜、鄒潔慧兩姊妹。還記得當年巧遇已故鄒老先生，及後認識鄒氏姊妹，就深深被她們對飲食的熱愛和對健康食材的執著而深深地「嚇驚」。她們往往為着完美的食材，以及尋找最上佳的調味料，用盡心機走遍整個香港，以至遠及歐美。怪不得每次有幸地品嘗她們的傑作時，每一口都能令人滿心驚喜。

今日鄒氏姊妹集合她們以往多年的飲食經驗和心得，寫成《原食材@始健康》一書，我們得以從這書分享她們對飲食文化，以至對健康生活的熱愛和摯誠，實在是我們一眾讀者的福氣。

徐大基博士

中醫歷來重視飲食療法，如有「藥補不如食補」、「藥食同源」等說法。唐代名醫孫思邈在其所著的《千金要方》中寫道：「凡欲治療，先以食療，食療不愈，後乃用藥爾。」金代名醫認為：「養生當論食補」，這裏強調的是飲食調養在防病、治病、養生過程中的重要意義。

現代醫學更強調健康飲食的重要性，但很多健康飲食，卻不是美食，甚至索然寡味；因此，縱使很多人知道須健康飲食，卻難以持之以恆，美食的誘惑又難以抗拒，可是很多美食，又不是健康飲食。如今展示在大家面前的這本《原食材@始健康》則完美地把健康飲食與美食相結合起來。

我認識本書作者 Linda 和 Nico 已經有 10 多年了。當時，初次來港得緣認識了鄒亞姨一家。鄒亞姨樂觀好客，更是廚藝高手，女兒 Linda 和 Nico 秉承了母親的手藝，對烹飪的熱衷和喜愛，發自內心。除了修讀食品專業本科，研究生課程也不離食品工業。此外，對中醫藥理、食療養生亦甚感興趣，加以鑽研。Nico 對中醫學有濃厚興趣並賦天份，更建議她深造中醫課程。隨後 Linda 也考獲「國家食療養生師」專業資格。

鄒家兩姊妹對製造食物的理念和工作範疇，令我聯想到周代的「食醫」。根據《周禮・天官》記載：「當時主管醫療衛生的官員下設了四種不同職責的醫官：食醫、疾醫、瘍醫和獸醫。」書中記載：「食醫，掌和王之六食、六飲、六膳、百羞、百醬、八珍之齊。」 這裏，疾醫指的是內科醫生；瘍醫指的是外科醫生；食醫則是周代掌管宮廷飲食、滋味溫涼及分量調配的醫官，類似現代的營養師。

鄒家兩姊妹素喜中華傳統文化，對「食醫」這任務情有獨鍾，更融滙了現代食品科技，運用食物衛生與安全、食品工程、烹調工藝、食物營養、食療養生等專業食品知識，傾力編寫了這本非常實用的著作。

本書深入淺出，頗具生活化，且內容豐富、圖文並茂，語言生動，對如何挑選食材、處理食物、食物的配搭、食物知識和烹調食譜等都有涉及。除了分享鄒家生活飲食點滴，更重要的是讓大家知道，食物與健康息息相關，並瞭解怎樣才食得放心、吃得安全、吃得美味，調理出健康身體。

世界中醫藥學會聯合會腎病專業委員會副會長
香港浸會大學中醫藥學院——雷生春堂中心主管
香港浸會大學中醫藥學院臨床部主任中醫師
原廣東省中醫院腎病專科醫生、主任醫師
原廣州中醫藥大學第二臨床醫學院教授、碩士研究生導師

羅啟新 | Cuson

　　晨光第一線的環節「平凡人的不平凡事」，十年間訪問了差不多五百人，其中每逢佳節必想起的就是鄒氏姊妹、鄒媽媽蘿蔔糕、年糕、紅棗月餅、鹹肉粽⋯⋯

　　在那次訪問中，齋傾已流出口水來，Linda 屬於知識型，在加拿大讀食物科學，回港後曾於大型食品生產商研發食品：XO 醬、蒜蓉醬、脆皮芝士腸等，是大家熟悉的。Nico 是感知型，三歲已入廚，在這飲食世家耳濡目染，承傳順德母親的廚藝，曾於小學時代跟父親在街外吃過糖醋排骨後回家把它煮出來，烹飪天才在瑞士學藝回港後如虎添翼。後來 Linda、Nico 雙劍合璧，成立「Passion for Real Food」，合作生產糕餅、湯包、應節食品，結合理論、技術、廚藝、熱情與天份製作美食。第一次嘗過她們製作的皇后的點心 ——「黑松露多士」，只吃了兩塊，就忍不住拿其他的跟同事分享，每次也會說說兩姊妹的故事，記得有一次跟她們談過家母在我年少時常煮的順德菜「煎釀鯪魚」（用幾條鯪魚的肉加入配料剁碎，釀入一條鯪魚的魚身再煎香），結果就是在某次聚會中，從鄒氏姐妹的廚功下再次回味得到。

　　常常聽到坊間一個說法：「好吃的東西不健康，健康的東西不好吃」，鄒氏姐妹必能推翻這個謬論。由認識食物的營養成份，了解對健康的好處，食物安全、食材與食譜等資訊外，還有一段跟隨父母飲食的足跡⋯⋯美味的回憶，是現今由外傭湊大的年青人難以經歷的。

　　比擁有這書更大的幸福可能是：擁有 Linda 和 Nico 這兩個朋友。

侯嘉明 | Alyson Hau

記得第一次接觸 Linda 同 Nico 的機會，是來自電台同事的訪問。直播室一般是「嚴禁進食」的密室，聽聞有高手到臨分享秘技，心裏忐忑忐忑的，嘉賓說得普通還好，要是說得精彩就弊咯！齋聽靠幻想，自己無福品嘗，口水流到成地都係，失禮不已！

聽完她們的訪問，未幾，終於有機會同兩位甜姐兒見面，可能大家都喜歡食好嘢吧，投契得很！我這個廚房傻瓜，每次都把握時間向兩位請教心得，縱然明知我「明 D 唔明 D」，但她們仍是毫無保留地教我。而每次聚會，看到她倆熱情地大談兒時煮食經驗、新想到的菜式、朋友食後感言……總被她們那份真，深深的打動。

最深刻是，有一次，客戶訂了她們的得獎食品，怎知送貨當日落黑雨！搬運車師傅已經話無問題，準備好照送。Linda 這個完美主義者，竟然話要自己送貨！黑雨呢！一個女仔，一手擔雨傘，一手抱着重重的箱子，橫風橫雨走出來，原因是，她怕雨會弄濕「皇后的點心」……

還記得第一次試食「皇后的點心」，一見那個充滿法國風情的盒子，已經被它吸引得心動；一開盒蓋，撲鼻的松露味，加上透過獨立包裝看到靚靚金黃色的餅乾，好似閃閃發亮的 —— 有點像卡通片中，打開載滿黃金的寶箱般！最難得的是，吃的每一口，都感受到鄒氏姐妹對食的要求、堅持，那種甜，像她們的笑容一樣，是發自內心。

從生意角度，她們明明是「蝕住做」，成本、製作、包裝，每項都落足心機落足本，但樂見她們屢次出國拿獎，得到國際肯定，就明白，用心做的，是不同的。有她們的努力堅持，不斷鞭策自己，不斷挑戰自己，能夠衝出香港，是我們的驕傲！常聽說，「You are what you eat」，希望讀者們也能看出 Linda 同 Nico 的可愛、可敬。加油喔！

嘉明

電台節目主持

鄒易衡 | Chris Chow

我是她們的哥哥 | 她們是我的妹妹

我們一家六口，都住在屋邨生活與長大。爸爸在他十幾歲的時候，隻身從國內來到香港生活。當我真正認識爸爸的時候，他已憑着其自身的努力，擁有自己的冷氣工程公司（中央系統冷氣工程）。由於工程報價涉及許多計算圖則，更加要應付當時貪心的工程師，對一個不懂英文，事無大小都要靠一雙手親力親為的爸爸而言，真的辛苦了！亦在那小時候開始，爸爸已教懂我怎樣計算那些複雜無比的冷氣圖則，藉此我也希望能夠減輕爸爸工作上的壓力。

知道爸爸工作辛苦，媽媽每晚都會為爸爸花心思做簡單家常便飯。爸爸亦愛買一兩支啤酒回來，陪爸爸一同飲啤酒，一家人齊齊整整食飯，亦是最令我回味的兒時。正正有媽媽為爸爸花心思做每一頓的簡單家常便飯，所以多得爸爸帶給我們幾兄妹的福利，因此而有口福。幾兄妹亦因此，自小便接觸食物，家庭小菜、糕點、糖水甜品，都陪着我們長大。

其實我有三個妹妹，對下的大妹妹雖她不懂得烹飪，但她有一張懂得食的嘴，經常被兩個妹妹寵壞，給她做了不少美味和高質素的食物。以上當然是說笑話！

本人 Chris Chow | 鄒易衡，我在加拿大多倫多就讀 Environmental and Interior Design 。以當時的生活條件，爸爸要負擔三個子女在外國讀書真不是容易的事。為了減輕爸爸的負擔，我在空閒時間在中西餐館工作。並且學識一些中西式廚師的技巧。還記得在一間出名的西餐館做工的時候，每天晚上都要煮一些中國餐給大廚食用。因此而加深了廚藝。在香港一次偶然機會之下，認識了我朋友的爸爸，原來他是四任港督御廚。（Siu Kit Wah B.E.M. | 蕭傑華，He went on to serve 4 governors, from Sir David Trench to Lord David Wilson. He prepared everything from finger food to dinner parties for the Kings and Queens and many foreign dignitaries in a time span of more than 30 years.）蕭伯伯教了我很多西式廚藝，蕭伯伯成為我師父。

回港後，在香港聯合交易所出版部，做了十年設計總監。現在很開心擁有自己的公司，有一位很好的太太和兩名很孝順的兒子，可惜父母已不在，想孝順他們也機會不再，內心感到百般無奈！

兩個細妹經常和我一同創作和設計一些好的食品，她倆很尊重我，當有新的食品，都希望我給她們一點有用的意見。聽到意見後，如果真的有幫助，她們會想盡辦法和心思作出調整，希望做到最好，這是她們一貫的態度！

我的設計意念也教曉她們如何融入於美食的理想與實踐之中。「做什麼都要做到最好，一定要贏到別人，能有最新資訊作保持知識，要發覺到自己退步才會有進步的觸覺！」這是給兩個妹妹創作的心得。她們已做得到了，相信在天上的父母知道一定很安慰！

最後補充，我是她們一個有「讀寫障礙」的哥哥，今次為了她們出版的書而寫出一些不像樣的文章，請大家見諒。

多謝！

跟隨父母飲食的足跡 …… 美味的回憶

　　我們四兄妹都喜歡食，皆因父母親都是愛吃之人。媽媽是順德人，順德人出名識飲識食。她小時候，一放學就出舖頭，跟着外公及世叔伯講飲講食，寵了嘴刁的舌頭。媽媽不單止識食，更能煮得一手好菜，對食材的要求，不論是時令、配搭、刀工、調味、烹調次序、方法及火候都非常細緻。

　　每朝早，晨光初露，媽媽已到街市買最新鮮的餸菜。買勝瓜，堅持不讓菜販掘斷！回到家，把蒂子斜切一小刀，讓瓜蒂插着水，這樣才保持勝瓜新鮮，不會收水！而白蘿蔔就要即刻把莖子、葉子摘去，否則會抽乾蘿蔔水份和糖份。她說：「如果在鄉下，活魚買回來先養幾天，讓魚兒瘦身，即劏即蒸才好食。」怪不得，在她順德的祖屋，天井除了有口水井外，還有個小水池，就是專為暫養魚而建造的。

●鄒爸爸與鄒媽媽

　　講到返順德，更勾起我們很多美味回憶……外公一朝早就會買一篩「倫教糕」回來給我們做早點，「倫教糕」即「白糖糕」，以白糖、米漿發酵，再以竹篩蒸熟。起源於媽媽出生地 —— 順德·倫教，因而得名。真正的「倫教糕」以傳統方法天然發酵，糕身薄薄，氣孔細密，色略帶微黃，米香帶點點酸味，卻不重。還有吃過的「野雞卷」是原創「良記酒家」的配方和工藝，「良記酒家」雖已結業，但可追溯其老闆兼大廚，當年用豬背油和瘦肉，將肥肉、瘦肉分別片薄至半透明，肥肉片上放上瘦肉，中間放入金華火腿幼條，像做壽司般，捲成圓條狀，蒸熟後切成棋子狀再炸。「野雞卷」卻沒有雞，「野雞」即是「A貨」，但可媲美「雞」的美味！與「賽螃蟹」的典故，無蟹卻賽贏蟹的鮮味，有着異曲同聲之妙。「野雞卷」的故事，就是「姑頭」憶述給我們知，她是媽媽對面屋的鄰居，她是發明「野雞卷」大廚的妻子，很慶幸能品嘗過一次「姑頭」親手做的「野雞卷」！還有，印象最深的，莫

過於用新鮮榨出來的水牛奶（還有點暖）炒的「大良炒鮮奶」……香滑炒牛奶，藏着香軟的雞肝丁，再灑上香脆的欖仁，美味無窮！

而爸爸也是識飲識食之人，對食物質素、味道和衛生的標準更高。媽媽時常取笑他：「你應該做『衛生幫』呀！」還記得，小時候，是爸爸教我洗菜的，當時我大概五、六歲左右，他很嚴謹的說：「把菜心先用大水沖一下，然後浸一陣，換水……拿把刀仔切去菜的切割位置，摘去唔靚的葉，每棵菜要在水喉下沖洗，打開每塊菜葉和莖的位置沖洗，這處最容易藏沙泥、農藥。每棵洗完後，全部在筲箕再沖一次，瀝乾。」這方法，我一直沿用到現在，也是這樣教我的侄兒、學生。

此外，爸爸還對食物的新鮮程度，要求更甚。以前未有禽流感年代，過時過節前，會叫媽媽買隻活雞回家（或間中大伯父會從家鄉捉隻「客家走地雞」來）養幾天先劏，還吩咐媽媽臨煮前找人幫忙劏，還說：「新鮮雞劏後，要馬上清洗，然後立即蒸熟、抹鹽，才有雞的鮮味。」、「放過入雪櫃五分鐘都算是雪雞，一陣雪味。」啊！難怪客家鹹雞咁有名啦！媽媽也不厭其煩，為我們每一餐飯做到最好味！

爸爸喜歡食，和媽媽性格也一樣非常豪爽好客，沒有太多嗜好，獨好講飲講食和旅行。買水果會到生果欄，買至靚的呂宋芒、蜜瓜、番鬼荔枝（媽媽至愛），一箱箱買下，並與鄰居分享，喜歡邀請親戚朋友到家飯聚。爸爸做生意，每年都會找個藉口「擺翻幾圍」吃團年飯及春茗，大家伙記及親朋戚友，開開心心、高高興興吃餐飯。小時候吃的東西，品質真的好好，還記得……那呂宋芒，大大個又香又甜；那蜜瓜，一箱六大個，甜美多汁不下夕張蜜瓜！

以前的酒席真材實料，實而不華。「燉花膠湯」燉好的花膠成吋厚；「紅燒大

山瑞」那裙邊又厚又爽滑;「百花炸蟹鉗」是原隻真蟹鉗去殼再釀上蝦膠,蘸上紅薑醋,吃完蝦膠還可以吃到整隻蟹鉗的肉……那些記憶的味道,現在只能在記憶中回味!

還有,每每爸爸與行家、朋友在外吃過甚麼好東西,週末便會帶我們去品嘗。有一次他放工回家向我們講:「今日我同班工程師在灣仔吃咖喱,任你選擇大辣、中辣、小辣,星期六帶你們去試試。」印象中,我自以為自己食得辣,點了大辣咖喱雞,當然辣到搏命飲水。到龍華酒店每人一隻原隻燒乳鴿;去雍雅山房吃山水豆腐;駕車入元朗買老婆餅……這些都是小學時爸爸帶我們去試新食店的回憶。幾十年後,大家覺得無甚麼特別,可是當年的情景我還記憶猶新。

跟隨父母飲食的足跡……養成了我們試新嘢的興趣或習慣,我和 Nico,看到坊間有甚麼新嘢都會買來試試,媽媽還說:「電視未賣廣告,妳們已經食厭了!」現在不管去旅行或在香港也如是。

四兄妹中,除了家姐,我們三兄妹都能煮番幾味!大哥 Chris,最喜歡試新的食肆,哪一間好食?哪一樣東西好食?哪兒奶茶好飲?哪裏抵食?他就是我們的活動飲食搜尋器。自媽媽離開後,每年新年初一齋宴、初二開年飯,哥哥就當了鄒家的總廚,十幾款宴客菜式,一手包辦。家姐 Kit 雖然對煮餸不巧手,但是就最刁嘴的一個,不好吃的東西,絕不遷就!寧願捱餓也嚥不下。至於 Nico,擁有烹飪的天賦和才華,三歲就擔櫈仔入廚房煎蛋,最得媽媽真傳,自細廚房就是她的小天地、實驗室。而我,遺傳了爸爸的味道觸覺及食物衛生的「高」要求因子。

我們的「飲食旅途」,是幼承庭訓、耳濡目染。爸爸常言道:「寧願吃少些,都要食好的。」就是這樣,在父母親的薰陶下……吃東西,重質不重量;好的食物貴精不貴多,就是這樣寵着我們四兄妹成長!

原來味覺真的有遺傳!侄兒旻熹 Curtis 和旻諺 Mancini,他們的食物觸覺,盡得「鄒家」的美食因子遺傳,Curtis 自小已分得出布甸是用了雲喱拿籽(Vanilla pod),還是加了雲喱拿香精(Vanilla flavouring)做的。在酒樓吃到加了雲喱拿香

精的西米布甸時，他會問：「這個布甸的味道好怪、好假……」最鍾意細姑姐做甜品的 Vanilla sauce 和意式奶凍（Panna Cotta），因為雲喱拿好香，還問：「細姑姐，黑色細細粒係唔係雲喱拿種子？」細佬 Mancini 的口味最似爺爺，同樣對烹調食物的鮮嫩程度、質感尤其有要求，也很喜歡入廚房睇姑姐煮餸、跟媽咪整蛋糕，有疑問會發問，他們對烹調概念也很有邏輯。最近，大嫂 Eunice 買了部麵包機，那牌子和型號紛紛在網上受用家追捧，但她整了兩次後便擱於一角，還是以人手搓麵包糰，奇怪追問她：「妳兩個侄仔唔鍾意食！話麵包機造的麵包無筋度，口感唔好，散的！」兩兄弟，年紀雖小，卻是我們新產品的試味兵團，每每試食後會評分及作出分析得分原因，扣分扣在哪裏……他們的建議功不可沒！

爸爸媽媽，除了鍾意食，對家庭觀念也很重。小時候，在家中，爸爸購買的大圓枱……媽媽足足「哦」了爸爸大半天，買了那麼大的圓餐桌，可見父親很重視一家人圍在一起吃飯。1995 當年，有機會被獵頭到一間國際知名的瑞士食品公司工作，但要長駐北京、天津工作，每三個月才回港一次，於是問爸爸意見，他這一句話：「入到你夢寐以求的公司，又有好的發展機會當然好，不過……將來大家一家人吃餐飯的機會就比較困難些。」心裏頓時感到酸溜溜……使我卻步了。回想起當時在深圳工作，爸爸已經時常牽腸掛肚，不應再走更遠了！記得他那次來深圳探望我，參觀工廠後，他對我說：「這裏的工作環境不是很好，為何大學選科，不像家姐那樣，選文、商科，可以做些白領工作！現在在工廠做，多辛苦！不過是你自己挑的，只要你鍾意。」爸爸就是這樣戥子女辛苦，其實我的工作真的微不足道。辛苦？爸爸，我的工作那裏辛苦！比不上您百份之一的辛勞呀！

父母愛子女之心，無微不至！爸爸媽媽除了給我們無私的栽培和教育，我們更傳承了他們的飲食習慣、烹調工藝、口味愛好、味道……祖祖輩輩傳下來，一代傳一代。

　　藉着這本書，送給我們至愛的父親、母親、兄長、長嫂、家姐和兩侄兒。其實，我們家人的風格——「一切在心中」，但今次不得不寫出來，衷心感謝您們不辭勞苦，一直默默作我們的幕後軍師，守護着、支持着我們，使我們無憂無慮地在「飲食旅途」上，堅持着我們對食物的執著和理念，達成夢想……

　　此外，Nico 和我很想趁這機會，跟您、妳和你……我們的師父、啟蒙老師、長輩、前輩、契媽、契爺、好朋友、舊同學、慈善同學會、支持者、客戶、同業及各界朋友、學生……衷心說聲：「多謝！」我們兩姊妹真的很幸運，不管是人生路上或是在飲食里程上，身邊一直有您們一班守護天使，不管是相識很久的、新相識的，或是從未曾認識的朋友（包括傳媒朋友；哥哥、嫂嫂、家姐的朋友；甚至交友網絡上的朋友；朋友的朋友……），同樣關愛我們，一直支持、鼓勵和幫助我們，欣賞我們的食品和飲食理念。

　　更要多謝在百忙中，抽出寶貴時間，幫我們寫「序言」的前輩和朋友們。撰寫這本書的時候，我們投放了很多對家庭、家人和朋友的情感，在食品工業路上所遇見的人與事、所經歷的事與物，也堆積了我們寫作的靈感，所以每一位為我們寫序的朋友：唯靈前輩、曾智華先生、尹鎮偉醫生、廖子良醫生、徐大基博士、羅啟新先生、侯嘉明小姐及我們的哥哥鄒易衡先生，為我們新書《原食材 @ 始健康》寫序，並親筆簽名，是上天所安排的緣份，在我們人生旅途道上，不同時間所出現，見證了我們不同的成長階段。有了您們的序言，令我們這本書更添意義，才算完美。感謝！

　　還要多謝圓方出版社，樂意以「鄒家食事」為主體，為我們出書。謝謝您們專業的編輯、設計、拍攝、出版團隊，促使我們這本《原食材 @ 始健康》能順利出版。謝謝！

用心製作一本書真的不容易，寫食譜、寫稿說說食物知識、製作菜式拍攝不難；都是把我們的食品專業投放於書中。難⋯⋯是很多意料不到的事情、我們能力範圍內掌握不了的事情、以及時間不足的情況下⋯⋯要一一協商辦妥，與時間競賽。

爸爸做什麼都要做到最好。細個時，成日聽到他要求「Good Fit!」還記得，他親手做的木櫃子，他雙眼凝望着那對銅製門鎖，跟我說：「你睇，這對門鎖位置，剛剛對好門的木紋，而且對水平的，好 Good Fit!」當時爸爸那滿足的眼神，至今我還歷歷在目。可能我們遺傳了爸爸做事認真的性格，加上哥哥常教誨我們：「做什麼都要做到最好，一定要贏到別人，能有最新資訊作保持知識，要發覺到自己退步才會有進步的觸覺！」所以我們特別緊張，對自己要求甚高，只希望把書做到最好，但距離書展的日子一天天在倒數，每天在「偷」用睡眠的時間也做不完呢！

幸而，我們家人有緊密的 Family bond 連繫着，設計專業的哥哥，馬上幫手重新拍攝封面相片、定書名《原食材 @ 始健康》、集設計意念與玄學設計封面。家姐養病中，也用自己的休息時間，幫我們撰寫英文封底語，因為她最了解和見証兩個細妹與 Passion for Real Food 成長。最感動的，就是我們身邊的守護天使，擔心我開夜捱壞身體，仗義出手幫助我們，多謝契媽、Luke Sir、Luke 嫂、毛 Sir、Ritta 及 B 哥，在那麼短時間限制⋯⋯幫忙校對、翻譯、新書推廣、發布及張羅製作拍攝道具⋯⋯給了我們很大的正能量和動力，完成這本書！感激！在心中⋯⋯

最後，我們想多謝每一位讀者，我們姊妹倆已盡力把《原食材 @ 始健康》做到最好，也很期待我們的心血結晶品，能帶給大家健康的飲食。書中不足之處，懇請大家見諒！

鄒潔瑜 | Linda Chow

Linda 持有加拿大貴湖大學（University of Guelph | Ontario Agricultural College）食物科學專業榮譽學士及英國倫敦大學（University of London | Imperial College of Science, Technology & Medicine）食物工業市場及管理學理碩士學位。服務食品工業超過四份一個世紀，曾任多間大型食品公司，負責研發、品控及生產營運工作。

過往長期在國內工作，嘗盡南甜北鹹；東酸西辣。接觸很多民間食療，了解中草藥成份在食物科學、營養的療效。她更考獲「國家食療養生師」專業資格，曾出任廣東省食品協會所出版《粵港食品信息》編輯委員會的顧問，促進國內與香港食品工業交流。

北京 2008 奧運期間，擔任奧運馬術場地餐飲 —— 食物安全經理，專責監督及制訂奧運的食物安全管理系統，配合國際奧委會、北京奧委會及香港食物環境衛生署，達至國家任命「零 —— 食物中毒」（Zero Food Poisoning）之世界目標。

現與 Nico 開辦食品科技公司，各顯所長，主領食品生產營運及食物安全工作，製造優質食品，並屢獲國際優質食品評級。

閒餘擔任食品顧問工作，在香港及內地客座教學，培訓有關食品衛生、安全質量管理及推廣良心企業思維。她兼任香港大學專業進修學院、職訓局（國際廚藝學院及中華廚藝學院）及公開進修大學，教導有關食物科學和安全衛生知識，並參與培訓政府食環署衛生督察、業界衛生經理和衛生督導員。她更註冊成為英國皇家公共健康學會 —— 食物安全衛生及膳食營養學教練及證書監考。最近獲邀為東華學院，食物安全與健康學士課程（B.Sc. in Food Safety & Health）諮詢委員會之委員。

鄒潔慧 | Nico Chow

　　Nico 擁有天賦的烹飪才華，三歲已擔櫈仔入廚房煎蛋，喜歡煮嘢食，是幼承庭訓，耳濡目染。畢業於瑞士酒店管理學系，主修食品及餐飲管理，是第一代走進飲食界的女廚師。

　　將瑞士的專業酒店及餐飲營運管理及嚴格的培訓制度，應用於瑞士首都大使酒店（Ambassador Hotel, Bern）及香港多間五星級酒店的餅房、西廚房、法國廚房……以至自己的公司、廠房。最近，專程應邀前往蘇格蘭 Beveridge Park Hotel 實地參與管理工作，飲食文化交流體驗！

　　她協助香港旅遊協會推廣香港飲食文化，多次接受日本「Cable TV 有線電視台」、《ミセス》、《ミセス SHE》知名女性雜誌等專訪，被日本界譽為「地元の料理研究家」，更獲邀為《香港日本人俱樂部》月刊及《星島日報》、《蘋果日報》撰寫食譜。閒餘兼職「港燈——家政中心」烹飪導師，及在旗下 Nico's Private Kitchen 設計簡易、美味、創新食譜，分享「N」年的入廚心得。

　　現時，Nico 與家姐 Linda 開辦食品科技公司，主領研發優質食品、公司營運管理及市場策略推廣。以「一日一蘋果，醫生遠離我——APPLE FOOD CONCEPT」這個健康概念，採用天然優質食材為主導，開拓健康、安全、優質食品新領域。其公司產品「皇后的點心」、「紅棗月餅」、「賀年年糕」及「中式養生燉湯」代表香港食品業，分別榮獲 Monde Selection 國際優質食品評鑑組織（被譽為「食品界諾貝爾獎」）2014、2015 及 2016 三年貫獲國際優質食品評級；而「紅棗月餅」及「賀年年糕」更頒授最高榮譽大金獎（Grand Gold Quality Award），為港爭光。香港經濟日報、新假期周刊、歐洲時報、第一財經和國際在線等傳媒紛紛報導。

目 錄

Contents

出 版 緣 起

「醫食同源；藥食同根。」若飲食得好，健康會更好。

不同的食物含有不同的營養成份，只要飲食均衡，就能吃出健康！即使某種食材有某種功效及益處也不可過量食用，否則物極必反。透過進食不同種類、顏色的食物，吸收全面的營養素：碳水化合物、蛋白質、脂肪、維他命及礦物質。

食物金字塔中，由底層開始：五穀類主要提供人體碳水化合物，並以澱粉質為主，蔬菜、水果，除了提供食用纖維外，主要供給我們必需維他命及礦物質，肉類、蛋類、豆類和奶類以蛋白質為主，是「必需氨基酸」（Essential amino acids）的來源。最後，應挑選優質的食油，能提供我們「必需脂肪酸」（Essential fatty acids）。

每個人的體質各有不同，應按照自己的身體狀況選擇適合的食物。脾胃虛寒人士避免進食寒涼蔬菜，如津白（肇菜）、白菜、芥菜、青瓜、冬瓜、蘿蔔、苦瓜等。中國飲食烹飪智慧，烹調蔬菜會用薑片下鑊爆炒，或煲煮瓜菜湯時放薑同煮，目的是以薑的溫性驅除瓜菜的寒涼。俗語有云：「一方水土養一方人」，食物的營養價值也因品種、土壤、氣候、飼料、飼養或種植方法、科技、天然與基因改造等因素各有所異。某些食物對人體有益也不是千遍一律，也是因人而異，每人的飲食喜好、生活習慣、食物供應產地，甚至工作性質，都會影響個人體質屬性。

這本書，是鄒氏兩姊妹合作撰寫而成；細妹 Nico 教大家用簡單的烹調方法，煮出有益、味美的菜式。食譜中所用的材料，主要挑選了中醫認為「性平」的食材為主，不寒不熱，減低令身體生火困熱，或令脾胃太寒涼的機會。材料選擇雖然不多，但以簡易烹調方法令菜式多元化，調味亦沒用太多香料，只用薑、葱、鹽、糖、米酒、豉油、生粉、油為主，味不可奪，保留食材的原汁原味，烹出自然鮮味，個別令菜式更惹味，也只選用了天然香料，如沙薑、大地魚、芝麻、麻油等，讓每位讀者都能發揮所長，煮出味美、養生佳餚，給您和家人享受美食之餘，更擁有健康生活。此外，還會分享我們「鄒家私房配方」，自製無添加食品。跟着她的食譜，大家定會察覺到「原來煮嘢食都唔係太難的，都可以『快、靚、正』！」

家姐 Linda 則以文字，從小時候在家中對「食」的體驗，在大學所學的，以至踏足食品界的里程及所見所聞，以食物科學角度，食物安全、健康、衛生、營養元素等多方面的食物知識，深入淺出介紹主要的材料，個別食品更會講解其生產流程，談談食物添加劑，說說生活中的食物安全，更和大家分享媽媽的煮食心得、家常菜式、生活點滴和飲食小智慧。

凡事中庸，吃也一樣，即使某類食物怎樣有益，也不可走極端！尤其是一些入藥的食物如：羅漢果、陳皮、淮山、益母草、杞子、大棗……要飲食得宜，更要了解多一點，密切留意身體狀況、體質，切勿人云亦云，多請教中醫師和醫生。

●於 Monde Selection 2014 領取獎項

●獲 Monde Selection 國際優質食品評鑑組織頒授的最高榮譽大金獎及銀獎

人 體 所 需 營 養

我們要保持身體健康，需要進食不同的食物，吸收不同的營養素，使人體生長發育、維持正常機能、修補細胞及組織。人體所需的營養素包括：常量營養素（Macro Nutrients）和微量營養素（Micro Nutrients）兩大類。

常量營養素是人體需要較多的營養素，提供人體熱能及維持身體各種功能，包括：碳水化合物、蛋白質及脂肪。微量營養素即是維他命和礦物質，人體所需份量很少，但不能缺乏，必須從食物中攝取！

我經常跟學生說：「人體就像一副機器，需要加油推動，燃料就是常量營養素，當中碳水化合物的起動力最大！人體機器被燃料推動後，必須加添潤滑劑才能運作正常，否則機件容易生銹，維他命和礦物質正是機器的潤滑劑了。」

認識食物金字塔

五穀類 33%
（碳水化合物、
澱粉質為主）

**肉類、蛋類、
豆類 12%**
（蛋白質等）

鹽、油、糖 7%

蔬菜類、水果 33%
（礦物質、維他命、
纖維素等）

奶類 15%
（鈣質、蛋白質等）

6~8 杯
水份

（水、牛奶、豆漿、湯和飲品等）

身為中國人，我特意用飯碗來顯示食物金字塔，飯碗正好像倒轉了的金字塔形狀，由上至下顯示食物五大種類和建議的食用份量比例，希望大家不要誤以為「吃飯會變肥」而不吃飯！只要吃得均衡，就不用擔心了。

西方營養學概括地把健康飲食歸納為五大類：五穀類；蔬果類；肉、蛋、豆類；奶類和鹽、油、糖類，並對每類食物作出建議量。我個人認為，每個人的體質各有不同，每個種族、體格亦有異，如中國地大物博，南、北兩地的氣候、水土食材亦有所不同，「一方水土養一方人」，食物金字塔建議可供參考，大家應多留意自己體質及身體對食物的反應，挑選合適的食物，達至均衡、健康、養生的飲食。

五 穀 類

五穀類設在第一層，代表人體需要最多的食物種類，大約佔我們膳食的三份一。五穀主要提供碳水化合物，包括澱粉質和纖維素，其次是提供蛋白質、少量脂肪、維他命和礦物質微量元素等。

很多朋友因怕發胖，不吃碳水化合物，飯不沾口！其實，碳水化合物是人體熱量的主要來源，是構成機體的重要物質、儲存和提供熱能、維持大腦功能必需的能源、調節脂肪代謝、節約蛋白質、提供膳食纖維、增強腸道等功能。

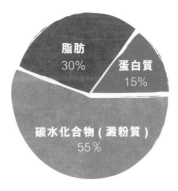

脂肪
30%

蛋白質
15%

碳水化合物（澱粉質）
55%

●均衡膳食建議

維持均衡的飲食，每天膳食建議平均攝取 55% 碳水化合物，30% 脂肪及 15% 蛋白質。香港衛生署推廣「健康膳食在校園」運動，健康午餐的秘訣「至醒午餐 3：2：1」，一個健康的午餐飯盒應提供最多的五穀類（包括粥、粉、麵、飯、麵包和馬鈴薯），其次是蔬菜，而肉類應佔最少份量，它們的比例應是 3 比 2 比 1。將一個餐盒容量平均分為六格，五穀類應佔三格，蔬菜佔兩格，肉類佔一格。五穀類是熱量的主要來源，令孩子有足夠的體力應付學習和運動消耗，所以碳水化合物攝取量為 55%。

五穀是指稻、黍、稷、麥和菽。

稻：稻米、白米、糙米等。

黍：玉米類。

稷：小米。

麥：大麥、小麥、燕麥、蕎麥等。

菽：大豆、黃豆、綠豆、紅豆、黑豆等。

●健康午餐飯盒比例

2 份蔬菜

3 份米飯（五穀類）

1 份肉類

因此，「五穀雜糧」包含的種類非常多，以現在進食的「五穀」來說，簡單的概念分類就是糙米類、玉米類、小米類、麥類（尤其是蕎麥）及豆類，至於「雜糧」，其中很大部分就是堅果類食物。

蔬菜、瓜類、水果

●菠菜、蘋果和草莓

蔬菜、瓜果是飲食金字塔第二層，主要提供多種礦物質和維他命，是人體機能運作、新陳代謝、能量轉遞、營養儲存等的必需微量元素，並含大量纖維素，包括水溶性纖維和不溶性纖維，有助腸臟蠕動，預防便秘及慢性疾病。

蔬菜、水果長於泥土，植物吸取土地的精華，所以蘊含各種不同的維他命和礦物質。不同的蔬、果所含的營養成份亦有不同：深綠色葉菜如菠菜、芥蘭等，含維他命 A、葉酸（維他命 B_9）、鈣、磷、鉀為多；橙黃色瓜果如南瓜、木瓜、芒果、紅蘿蔔也富含維他命 A。

水果和蔬菜提供多種礦物質和維他命之餘，亦同時提供果糖，因此不要以水果取替蔬菜的份量，否則會吸收過量的糖份。衛生署在健康膳食推廣中，推行「2 + 3」，即每天建議進食兩份水果及三份蔬菜，能吸收人體所需的礦物質、維他命和纖維素。

眾所周知，無論是西方醫學或中醫理論所說，蘋果都是被推崇的生果，除此之外，啤梨、士多啤梨、哈蜜瓜和蜜瓜也是不錯的選擇。

肉類、蛋類和豆類

●
豆
類

肉類、蛋類和豆類則設在第三層，主要提供我們所需的蛋白質，蛋白質經消化分解成氨基酸後，才能被人體吸收。蛋白質分為：完全蛋白質、部份完全蛋白質及不完全蛋白質。完全蛋白質是包含人體 9 種必需氨基酸，而且含量最多，最優質的蛋白質食材是肉類和蛋類。在植物方面來說，黃豆是優質蛋白質的主要來源，故此是素食人士的恩物，齋菜中的齋雞、素鵝、紮蹄都選用腐球、腐竹和腐皮（即黃豆）等為材料。

蛋白質除了提供我們所需熱量外，還提供「必需氨基酸」（Essential amino acids），人體需要從食物中攝取 9 種「必需氨基酸」，其餘 11 種可自行製造。此外，蛋白質更供給氮成份製造人體蛋白質，蛋白質就是肌肉、器官等的主要元素。

對食物烹調來說，蛋白質是美味的來源！不同的肉類蛋白質由不同的氨基酸組合而成，因此帶着不同的味道和鮮味。在烹調過程中，我們以食鹽醃肉，肉類的「谷氨酸」和食鹽的鈉起了化學作用，變化成「谷氨酸單鈉」，即味精的化學

● 雞蛋及豆腐

結構。蛋白質令食物變化成不同的質地及口感，例如製造歐洲式麵包採用高筋麵粉，令麵包帶有質感；烘焗蛋糕選用低筋麵粉，蛋糕質感才鬆軟可口，而「筋」就是指小麥粉中的蛋白質（Gluten，又稱為麩質或谷膠蛋白、麵筋）。此外，麵筋是製作齋滷味的第二類主要材料，當中齋鴨腎、齋叉燒、酸齋、咖喱齋和上海食材「烤麩」，就是以麵筋所造，為素食人士提供部份完全蛋白質。

以營養攝取量而言，一般來説，成人每天平均攝取蛋白質佔總攝取量不多於15%，已足夠應付人體新陳代謝及身體所需。

中醫學而言，豬肉性微溫，大部份魚類性平，不會造成過熱或過寒體質，換句話説，任何體質人士都適合食用。

大家需要注意，肉類、蛋類和豆類含豐富蛋白質，但也是微生物滋生所需的營養素，需密切注意食物衛生和安全，以免造成食物中毒等情況。

奶 類

奶類製品提供蛋白質、磷、維他命 A 和維他命 D，是豐富的膳食鈣的來源。市面的奶類製品主要由牛奶或羊奶製成，全脂牛奶一般含 3.2 至 3.8% 脂肪，並含乳糖（Lactose）。有些人士患有「乳糖不耐症」，缺乏乳糖酶未能消化乳糖，也有些朋友對奶類蛋白質過敏，不適合飲用奶類製品。雖然建議成人每天飲用一至兩杯牛奶補充鈣質和蛋白質，但不能喝牛奶的朋友，也可透過均衡飲食（如豆漿、肉類、豆類等食物）來吸收蛋白質。另外，多吃杏仁、芝麻、沙甸魚、綠葉蔬菜及豆腐等來適量補充鈣質的攝取。

鹽 、 油 和 糖

最後一層是鹽、油、糖，佔整體食物種類 7%，包括調味料中的鹽、油、糖。現成的調味醬料如蠔油、沙爹醬、蒜茸豆豉醬、蒜茸辣椒醬等合成醬料，當中加入很多鹽、油、糖和味精，因此，烹調時選用天然的香辛料如薑、葱、乾葱頭提香，大大減低吸收過多鹽、油及糖。另外，選擇煮食用的調味料應以單一種類為佳，如天然發酵的豉油、麵豉、腐乳、南乳等；留意複合調味料的成份是否含有味精和大量的鹽、油和糖。

適 量 的 水 份

一般每天的建議攝取量為 6 至 8 杯，當中份量包括餐膳的湯及其他飲料。當然以清水為佳，但不建議餐前飲用，某些營養師建議「減肥」人士在餐前先喝湯，這樣雖可增加飽肚感，減少食量，達至減低熱量攝取而減輕體重，但餐前飲用大量液體會稀釋胃酸，令胃酸的酸鹼度高於正常 pH1，胃酸的主要功能是殺菌，一般食物中的細菌在極酸的環境下難以生存，以保障我們的身體健康。

大家別掉以輕心，病毒和細菌的生存要求各有不同，現今很多病毒不時在變種，胃酸亦不能把病毒消滅，因此飲食衛生不容忽視！

● 花生、杏仁、合桃、牛奶

人體所需營養

維他命（維生素）
人體必需微量元素

還記得小學唸健教科，老師要我們背誦：「缺乏維他命 A 會有夜盲症，缺乏維他命 D 會有軟骨病……」兒時學到的知識，一生受用。我的「年代」以 Vitamin 英文譯音為「維他命」，而國內、台灣均翻譯作「維生素」，不管是「維他命」或「維生素」的意思也非常貼切。維他命確是人體生長必需的微量營養素，維持人體細胞生長和正常代謝，人體不能合成或合成量少而不能滿足所需，是生命健康的重要元素。維他命存在於天然的食物中，特別在蔬菜、瓜果及全穀物當中，我們只要養成均衡的飲食習慣，可以從食物中攝取足夠的維他命。

維他命大致可分為：脂溶性（Fat-soluble）和水溶性（Water-soluble）兩大類別，脂溶性包括維他命 A、D、E 及 K；水溶性則包含維他命 B 族及 C。

脂溶性維他命溶解於油脂，烹調含脂溶性維他命的食物時，需要加入適量油份，讓脂溶性維他命溶於油中，人體才能隨脂肪經淋巴系統吸收。值得一提的是，人體不能攝取過多脂溶性維他命，多餘的維他命會積存體內，並儲存於肝臟，人體需要脂溶性維他命時從膽汁少量排出，因此，出現缺乏症狀的情況較為緩慢，可是過量則會造成中毒，損害肝臟。

水溶性維他命（維他命 B 族及 C）溶於水中，進食後經血液吸收，不會積存在體內，吸取過量時從尿液排出，不會造成中毒，但缺乏症出現時相對較快，所以日常膳食中必須均衡進食適量水溶性維他命，維持良好的新陳代謝。處理或烹煮含水溶性維他命的食物時，要避免維他命流失，注意在浸泡或水煮過程時，水溶性維他命會在水內流失！

現時，有部份「健康一族」，一聽見食油二字就怕怕，不管肉類或蔬菜，總之所有食材都白灼來吃，甚至滴油不沾，視之為「健康」！其實，脂溶性維他命需要透過油脂為媒體，使人體吸收所需微量元素。因此，綠葉蔬菜、番茄、紅蘿蔔等需要用油炒勻，當中的維他命 A，甚至茄紅素才能釋放於油中，再以油脂為傳導，讓我們容易吸收。綠葉蔬菜的葉酸，即水溶性維他命 B_9 容易在水灼過程中流失，因此，認識多一點、了解多一點，切勿人云亦云！

以下兩個章節給大家介紹不同的維他命及其功能，讓大家清楚從那些食物攝取不同的維他命。

脂溶性維他命

維他命 A

從動物性食物中攝取的維他命 A，稱之為視黃素（Retinal）；而存在於植物的則為 β - 胡蘿蔔素和其他胡蘿蔔素。維他命 A 可由動物來源食物中攝取，如：牛奶、雞蛋、肝臟及魚肝油等，也可在人體肝臟以胡蘿蔔素自行合成。β - 胡蘿蔔素則來源於紅蘿蔔；其他胡蘿蔔素可在橙黃色及綠色蔬菜中攝取，如南瓜、菠菜、芥蘭等，胡蘿蔔素常被稱為維他命 A 原（Pro-Vitamin A），其利用率卻比不上視黃素（1 毫克視黃素 = 6 毫克 β - 胡蘿蔔素 = 12 毫克其他胡蘿蔔素）。

維他命 A 功能：

1. 保護眼睛，預防夜盲症，治療乾眼症、視網膜色素變性。
2. 保護上皮組織（如皮膚表皮細胞）免於乾燥剝落。

小提示

由於維他命 A 屬油溶性，烹調時以油炒為佳，維他命 A 才能溶於油份，容易被人體吸收。

維 他 命 D

維他命 D 促進鈣與磷的吸收，強化骨骼及牙齒。缺乏時導致骨質疏鬆症、增加髖部骨折的危險。維他命 D 不單是維他命，也是一種荷爾蒙，能促進腸道吸收鈣質，協助骨骼攝取鈣質。

維他命 D 功能：
1. 攝取足量的維他命 D，可預防漸進性骨關節炎、多發性硬化症、高血壓。
2. 治療偏頭痛與經前症候群。

小提示
維他命 D 屬油溶性維他命，在氧氣和光的環境下非常敏感，適量地曬太陽，透過皮膚經紫外光照射，將身體的膽固醇轉化成維他命 D。

維 他 命 E

維他命 E 是油溶性維他命，通常透過食用種子、果仁、種子油（芝麻油）、植物油、五穀類（胚芽）、蔬果（深綠色蔬菜）、雞蛋及動物產品可吸收維他命 E。

維他命 E 功能：
1. 有抗氧化作用，增進皮膚抗氧化。
2. 增強老年人的免疫功能。
3. 促進正常紅血球細胞形成及維持生殖機能，因此維他命 E 又名生育酚。

維他命 K

一般來說，很少聽到維他命 K 的名字，它是人體必需元素，尤其是血液凝固中必備的，增加凝血因子的濃度，是凝血過程不可缺少的元素。維他命 K 能激活骨鈣素蛋白質（osteocalcin），強化骨骼健康，增強骨骼代謝，降低尿液中流失鈣質，減低髖部骨折的機會，以及停經婦女的骨質流失。維他命 K_2 通常在動物腸內由細菌製造，因此缺乏維他命 K 極為罕見，除非腸道有嚴重損傷，或長期服用抗生素、類固醇等藥物，令腸道製造維他命 K 的細菌難以生存。很多蔬菜及水果富含維他命 K，如綠葉蔬菜、芥蘭、菠菜、芥菜、蘿蔔苗、羅勒、羅馬生菜、橄欖、番茄、杞子、紅棗、西蘭花及椰菜花等。

維他命 K 功能：

1. 血液凝固、強健骨骼，防止骨質流失。
2. 有研究顯示，維他命 K 對預防癌症及心臟病有一定作用。

小提示

香港衛生署曾發表文章表示，正服用「薄血丸」的患者，進食富含維他命 K 的食物時要當心，不宜過量，因維他命 K 增加凝血因子的濃度，有機會減低「薄血丸」功效。

水溶性維他命

維他命 B 族（多種維他命 B）

人體必需的維他命 B 族，包括 B_1、B_2、B_3、B_5、B_6、B_7、B_9（葉酸）、B_{12} 及膽鹼，均屬於水溶性維他命，調節新陳代謝，增強蛋白質代謝及強化脂肪代謝，持續釋放葡萄糖能量，維持皮膚、心臟正常功能和肌肉的健康，增進免疫系統和神經系統的功能，促進細胞生長和分裂（包括促進紅血球的產生，預防貧血）。

維他命 B 對光線敏感，因此我們選擇牛奶時，選購紙包裝屋型牛奶能防止光線直射，防止流失維他命 B 族。

維他命 B_1（硫胺 / 硫胺素 Thiamine）功能：

1. 在人體中以輔酶形式參與糖類的分解代謝，保護神經系統。
2. 促進腸胃蠕動，提高食欲，中老年人大部份缺乏維他命 B_1，適量補充可增進食欲、減少疲勞。
3. 除了紓緩經痛之外，亦可治療及預防腳氣病。

食物來源

扁豆、豌豆、全穀食品、瘦豬肉、大豆、堅果、雞蛋、魚肉、梅子乾、葡萄乾、蘆筍、粟米、芥蘭等。

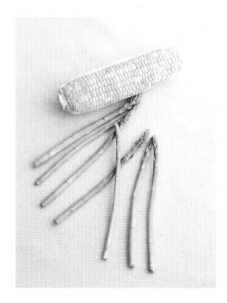

維他命 B₂（核醣黃素 / 核黃素 Riboflavin）功能：

1. 人體必需的維他命之一。
2. 可治療偏頭痛。

食物來源

包括牛奶、肉類、全麥麵包、全穀食品、乳酪、堅果、雞蛋、粟米、扁豆、蘆筍、大豆、豌豆、菠菜等。

維他命 B₃（菸鹼酸 / 烟酸 Niacin）功能：

1. 參與體內脂質代謝。
2. 組織呼吸的氧化過程和醣類無氧分解的過程。
3. 有助降低過高的 LDL 低密度膽固醇、三酸甘油脂。
4. 研究報告指出有預防冠狀動脈疾病特性，可預防肝臟疾病、預防或延遲第一型糖尿病的發生、對剛發作的胰島素依賴型糖尿病患很有幫助。
5. 有助治療關節炎。

食物來源

從動物肝臟、腎臟、瘦肉、魚肉、蘑菇、堅果、牛奶、乳酪、雞蛋，以及添加營養的麥片等食物攝取。

維他命 B$_5$（泛酸 Pantothenic acid）功能：

1. 是人體必需維他命之一。

2. 在代謝過程中扮演重要角色。

3. 有助身體將食物轉化為能量，合成人
   體重要荷爾蒙。

4. 加強運用體內脂肪和膽固醇的過程。

5. 預防暗瘡、粉刺。

食物來源

酵母、粟米、堅果類、豌豆、綠葉蔬菜
和糙米。

維他命 B$_6$（吡哆醇 Pyridoxine）功能：

1. 降低罹患心血管疾病的風險。

2. 紓緩懷孕性不適如妊娠水腫、腿部痙攣，減輕噁心程度與嘔吐次數等。

3. 缺乏維他命 B$_6$ 可導致小球性貧血、皮炎、高血壓、手部皮膚麻木刺痛等。

食物來源

含豐富維他命 B$_6$ 的食物包
括肝臟、麥芽、糙米、魚肉、
堅果、雞蛋、大豆、豌豆、
菠菜、全穀食品、香蕉、葡
萄、椰菜、椰菜花、番茄、
芥蘭、紅蘿蔔等。

維他命 B$_7$（生物素 Biotin）功能：

1. 生物素在脂肪合成、糖質新生等生化反應途徑中扮演着重要的角色。
2. 有助嬰兒正常發育成長。
3. 促進脂肪酸如三酸甘油脂、膽固醇代謝。

食物來源

番茄、花生、果仁、雞蛋、紅蘿蔔、椰菜花、羅馬生菜等。

維他命 B$_9$（葉酸 Folic Acid）功能：

1. 有助胎兒及其腦部發育成長
2. 懷孕期間缺乏葉酸會影響胎兒神經系統的發育，預防貧血。

食物來源

葉酸大量於綠葉蔬菜，如菠菜、芥蘭，蘆筍、蕪菁（大頭芥）、西蘭花、小白菜、萵苣（生菜）、椰菜、椰菜花、黃豆、粟米、扁豆、豌豆、葵花籽等粗糧。水果如哈蜜瓜、木瓜、石榴、香蕉、西柚、士多啤梨等。動物食品如動物肝臟、腎臟、牛肉、羊肉、禽肉、雞肉及蛋類等也含豐富的葉酸。

小提示

葉酸不耐熱，容易在加熱過程中消失，注意蔬菜避免浸泡熱水太久，或長時間水灼。

維他命 B$_{12}$（鈷胺素 Cobalamine）功能：

維他命 B$_{12}$ 是唯一含有主要礦物質的維他命，吸收時需要與鈣結合，大部份被小腸吸收，需要在細胞中轉化，才能被人體利用。

1. 有效治療惡性貧血。
2. 降低同胱氨酸（Homocysteine）濃度（累積時會直接造成血管傷害，容易罹患動脈硬化、腦中風及心肌梗塞等血管疾病）。
3. 可減低心臟病猝發、中風、罹患動脈硬化的危險。

食物來源

動物性食物如肝臟、腎臟、牛肉、豬肉、雞蛋、牛奶、奶酪等。

小提示

維他命 B$_{12}$ 只存在於動物源的食物，素食人士容易缺乏維他命 B$_{12}$ 而導致貧血，可從蛋黃及牛奶中攝取，全素食人士則需要由啤酒酵母中吸收，帶強烈的發酵味道，非一般人可接受。

膽 鹼 （Choline）

維他命 B 之一，是人類必需的營養素，是構成細胞膜的重要成份，廣泛存在於各種食物中。

整體而論，大部份未經加工的食物都找到維他命 B 族，但加工的碳水化合物，如糖、白麵粉，在加工過程中令維他命 B 族流失。維他命 B 族集中在肉類，如火雞、金槍魚（吞拿魚）、肝臟和肉類製品。優質的維他命 B 族來自全穀物、馬鈴薯、香蕉、辣椒、豆豉、豆類、營養酵母、啤酒酵母和蜜糖 。

維他命 C （抗 壞 血 酸 Ascorbic Acid）

維他命 C 是水溶性維他命，不耐熱，會在加熱的過程中消失，因此西方評論中
國人煲的老火湯，尤以蔬菜湯，由於加熱時間太長，湯內的維他命 C 已流失。
因此，烹調蔬菜以快炒方式，避免煮得太熟而流失維他命 C。

維他命 C 功能：

1. 是預防慢性疾病的抗壞血酸，降低膽固醇與三酸甘油脂，預防心臟病與中
   風。
2. 降低慢性疾病（癌症、心血管疾病、白內障等）的發生機率。
3. 減輕感冒症狀。
4. 減少日曬對皮膚的影響。

食物來源

平常多吃水果能補充維他命 C，政府衛生署積極推廣 「2 + 3」運動，每天建
議進食 2 份生果＋ 3 份蔬菜。 除了柑橘類水果，士多啤梨、番石榴、哈蜜瓜、
青椒、木瓜、桃子、番茄、粟米、芥蘭、芥菜、椰菜等含豐富維他命 C。

小提示

維他命 C 有助鐵質吸收，婦女容
易貧血，補充鐵質的同時，也要
補充維他命 C，相輔相成。

維他命 P

為何前文提及的脂溶性維他命和水溶性維他命，未有介紹維他命 P ？

其實，它並非維他命。準確來說是指幾種存在於植物的物質「黃酮類化合物 Flavonoids」或「生物黃酮類化合物 Bioflavonoids」，同屬水溶性。

維他命 P 功能：

1. 科學研究黃酮類能防止維他命 C 被氧化而受到破壞，有助增強人體吸收維他命 C 的效果及加強其作用，保護細胞免受氧損傷。
2. 增強毛細血管壁，保護血管免破裂或洩漏，防止瘀傷。
3. 有助預防和治療牙齦出血。
4. 現今科學家仍研究維他命 P 對防止炎症和感染、減輕疼痛、強化血管、防止白內障、增強免疫系統、治療和預防過敏症和癌症的可行性。

食物來源

黑朱古力、綠茶、紅葡萄酒、蘋果、柑橘類水果、其他水果和蔬菜都富含生物類黃酮，其中紅棗含豐富的維他命 P。

原食材 @ 始健康

你吃了多少維他命?

維他命	有營食物
油溶性維他命	
維他命 A	南瓜、菠菜、芥蘭、紅蘿蔔、芒果、牛奶、雞蛋、肝臟等
維他命 D	牛奶、杞子、菇類、含天然油份的魚類
維他命 E	食用種子（瓜子仁）、果仁、種子油（芝麻油）、植物油、五穀類（含胚芽）、蔬果（深綠色蔬菜）、雞蛋及動物產品等
維他命 K	綠葉蔬菜（如芥蘭、菠菜、芥菜、蘿蔔苗）、羅勒、羅馬生菜、橄欖、番茄、杞子、紅棗、西蘭花及椰菜花等
水溶性維他命	
維他命 B_1	扁豆、豌豆、全穀食品、瘦豬肉、大豆、堅果、雞蛋、魚肉、梅子乾、葡萄乾、蘆筍、粟米、芥蘭等
維他命 B_2	牛奶、肉類、全麥麵包及全穀食品、乳酪、堅果、雞蛋、粟米、扁豆、蘆筍、大豆、豌豆、菠菜等
維他命 B_3	動物肝臟、腎臟、瘦肉、魚肉、蘑菇、堅果、牛奶、乳酪、雞蛋、添加營養的麥片等
維他命 B_5（泛酸）	酵母、粟米、堅果類、豌豆、綠葉蔬菜和糙米等
維他命 B_6	肝臟、麥芽、糙米、魚肉、堅果、雞蛋、大豆、豌豆、菠菜、全穀食品、香蕉、葡萄、椰菜、椰菜花、番茄、芥蘭、紅蘿蔔等
維他命 B_7	番茄、花生、果仁、雞蛋、紅蘿蔔、椰菜花、羅馬生菜等
維他命 B_9（葉酸）	綠葉蔬菜（如菠菜、芥蘭及蘆筍）、蕪菁（大頭芥）、西蘭花、小白菜、萵苣、椰菜、椰菜花、黃豆、粟米、扁豆、豌豆、葵花籽粗糧。哈蜜瓜、木瓜、石榴、香蕉、西柚、士多啤梨。動物肝臟、腎臟（如豬肝、雞肉、牛肉、羊肉等）、禽肉及蛋類
維他命 B_{12}	動物肝臟、腎臟、牛肉、豬肉、雞蛋、牛奶、奶酪、啤酒酵母
維他命 C	橙、西柚、番茄、士多啤梨、番石榴、哈蜜瓜、青椒、木瓜、桃子、粟米、芥蘭、芥菜、椰菜等
黃酮類化合物 / 生物黃酮類化合物（水溶性）	
維他命 P（生物類黃酮）	紅棗、茄子、黑朱古力、綠茶、紅葡萄酒、蘋果、柑橘類水果、其他許多水果和蔬菜

礦物質
促進人體日常運作

人體必需以下的微量元素維持健康，包括：鈣（Calcium）、磷（Phosphorus）、鉀（Potassium）、鈉（Sodium）、氯（Chloride）、鎂（Magnesium）、鐵（Iron）、鋅（Zinc）、氟（Fluoride）、銅（Copper）、硒（Selenium）、碘（Iodine）、錳（Manganese）、鈷（Cobalt）。攝取適量的礦物質，可保持身體日常的運作與健康。

鈣 (Calcium)、磷 (Phosphorus)、鎂 (Magnesium) —— 強健骨骼鐵三角

鈣 （Calcium）功能：

鈣是人體必需的礦物質，體內所有細胞都需要鈣質運作。

1. 人體骨骼的主要元素，與磷組成磷酸鈣，使骨骼堅硬。
2. 鈣離子（Ca^{2+}）在生物體中是許多生化過程及生理過程的觸發器，如觸發肌肉收縮、釋放激素、傳遞脈衝、促進血液凝結、調節心律和分泌乳汁等。鈣離子也參與生命進化及生命運動的全過程。
3. 細胞之間傳播訊息的主要礦物質。
4. 現代醫學研究表明，鈣的營養與體內免疫、神經、內分泌、消化、循環、運動、生殖等十多個系統的功能有非常密切的關係。

食物來源

魚類（尤其是沙甸魚）、大豆、豆腐、秋葵、杏仁、海帶、西蘭花、椰菜花、芥蘭、芝麻都含豐富的鈣質。

小提示

植酸（Phytic Acid）、磷酸（Phosphoric Acid）和草酸（Oxalic Acid）會阻礙鈣質吸收，從食物中攝取鈣質，注意切勿與以上含量高的食物一起進食，如穀物殼中的植酸、碳酸飲品（汽水）的磷酸和菠菜的草酸。

磷（Phosphorus）功能：

1. 磷與鈣組成磷酸鈣，令骨骼強健。

2. 人體能量代謝和細胞膜的主要元素，保持人體內代謝平衡，在調節能量代謝過程中發揮重要作用。

3. 生命物質核苷酸的基本成份，調節體內酸鹼平衡，參與體內脂肪的代謝。

食物來源

果仁、芝士、含天然油份的魚類。

鎂（Magnesium）功能：

鎂是構成骨骼礦物體的輔元素，故鈣、磷與鎂是組成健康骨骼的「金三角」元素！

1. 在人體細胞代謝中起着重要的作用，包括能量製造、代謝和儲存；蛋白質合成；神經肌肉傳導；心血管張力；調節血壓、血糖水平。

2. 當體內的鎂離子缺乏時，出現與低鈣相似的一系列運動神經興奮性增強的症狀（如四肢緊繃、無法協調、肌肉僵直，甚至嚴重抽痛等現象）。

食物來源

綠葉蔬菜、果仁、食用種子（瓜子）、含豐富油份的魚類。

鈉（Sodium）、鉀（Potassium）、氯（Chloride）—— 人體重要的電解質

所有礦物質或多或少具有電解質的功能，但最重要的電解質是鈉、鉀及氯，其次是鎂及鈣等。若電解質不平衡，水份與酸鹼度也隨之失衡，最後維持生命的各種生理生化反應會接連出現問題。

功能：

鈉、鉀、氯能保持體內水份與酸鹼度的平衡，使體液有一定的滲透壓（Osmotic Pressure，是平衡人體細胞內外的液體濃度），維持正常的水份含量，調控體內水份吸收及神經傳導速度的必要元素。

小提示

過量攝取鈉，令滲透率失去平衡，造成高血壓。

鐵（Iron）—— 貧血補充劑

鐵功能：

1. 鐵是製造「血紅蛋白」的主要元素，血紅蛋白的作用是向細胞輸送氧氣，並將二氧化碳帶出細胞。
2. 催化促進 β-胡蘿蔔素轉化為維他命 A、合成嘌呤與膠原，產生抗體，轉運血液中的脂類，在肝臟分解藥物的有毒成份等重要功能。
3. 鐵與免疫的關係較為密切，有研究顯示，鐵可提高機體的免疫力，增加中性白細胞和吞噬細胞的吞噬功能，增強機體的抗感染能力。

食物來源

一般穀物、肉類都提供鐵質，含豐富鐵質的食物有：紅色肉類、動物內臟、綠色蔬菜、芝麻、青口、蠔、蛤等。

小提示

1. 想增進鐵質吸收，尤其缺鐵性貧血人士，飯後喝一杯蘋果汁，讓維他命 C 幫助鐵質吸收。
2. 磷酸鹽、碳酸鹽、植酸、草酸、鞣酸（如碳酸飲品、蔬菜、杏仁、柿子等）會阻礙鐵質吸收。

銅（Copper）—— 構成基本成份

銅，是大多數動物的組成成份和必需營養素。

銅功能：

1. 若人體缺乏銅，導致生長和代謝紊亂。
2. 體內的銅會促進鐵的吸收，銅攝取不足，也會引致貧血，令毛髮異常、骨骼和動脈異常，以及腦障礙。

食物來源

以動物肝臟含銅量最多，龍蝦、蠔、菇類、大豆含豐富的銅。

小提示

1. 若體內的銅量過剩，會引起肝硬化、腹瀉、嘔吐、運動障礙和知覺神經障礙。
2. 食用含有豐富銅量的食物時，避免進食牛奶或雞蛋，因當中的蛋白質會阻止銅的吸收。

鋅（Zinc）──生長發展之源

鋅是人體必需的礦物質，體內不能自行合成，只能依靠外來食物攝取。

鋅功能：

1. 是人體許多重要酶及酵素的成份，也是合成胰島素的所需元素。
2. 合成蛋白質，負責與核酸（DNA）結合，我們平常說基因的「好與壞」，鋅起着很重要的調控基制。
3. 在造血過程中有着重要的作用，維護健康血紅細胞（Red Blood Cell）。
4. 促使發育的關鍵元素，促進生長、性器官的發育、人體組織修補作用，尤其對兒童大腦神經系統的發育最重要。
5. 攝取足夠的鋅元素，確保維持免疫功能，增強記憶力。
6. 愛吃人士如我姊妹倆，更不可缺鋅，因是維持味覺功能與促進食欲。

食物來源

芝麻、蘑菇、蛋黃、豬肉、禽肉、豆類、金針菜、雞蛋、魚、全穀製品（如小麥、大麥和燕麥等食物）。

碘（Iodine）—— 維持甲狀腺素

碘是人體甲狀腺素的主要微量元素。

碘功能：

1. 甲狀腺素是一種重要的荷爾蒙，負責調控細胞代謝、神經性肌肉組織發展與成長（特別在初生胎兒的腦部）。
2. 懷孕期間若嚴重缺乏碘，會損害胎兒發展，對腦部發育造成嚴重傷害，導致明顯「低」智商！

食物來源

海苔、海帶、龍蝦、貝類、綠色蔬菜、蛋類、乳類、穀類等提供豐富碘質。當中以海帶、海藻等食物含碘量最豐富。

硒（Selenium）──抗病防老要素

硒是人體必需的微量礦物質營養素，但相對一般礦物質元素，人體所需硒量微乎其微，服用過量可引起中毒。

硒功能：

1. 科學研究發現，由於硒的抗氧化作用高，可增強免疫力。
2. 調控甲狀腺代謝。
3. 維他命 C 的氧化還原態。
4. 適量補充可防止器官老化與病變，延緩衰老，增強免疫，抵禦疾病。

食物來源

硒可從天然食物中攝取，肉類（瘦肉）、海產、蛋類、柿子、蒜頭、蔥、南瓜、食用菌類、西蘭花等。

小提示

植物性食物含硒量，取決於種植土壤中的硒含量。加拿大、美國等地的土壤含硒極為豐富，因此當地農作物的硒含量相對較高。內地不少農產品標榜高硒，如「高硒蛋」、「高硒米」等，消費者要自行篩選。

如 何 攝 取 足 夠 的 礦 物 質 ？

礦物質	有營食物	功能性
鈣	沙甸魚、大豆、豆腐、秋葵、杏仁、海帶、西蘭花、椰菜花、芥蘭、芝麻等	1. 人體必需的礦物質。 2. 鞏固骨骼健康、促進神經傳送、肌肉收縮和血液凝結。
磷	果仁、芝士、含天然油份的魚類	1. 人體必需的元素。 2. 調節人體的酸鹼平衡。 3. 骨骼的生長和製造細胞。
鎂	綠葉蔬菜、果仁、食用種子（瓜子）、含豐富油份的魚類	1. 蛋白質合成、正常肌肉收縮、神經傳送。 2. 保持骨骼健康。
鈉	食鹽、味精、複合醬料（蠔油等）	1. 人體內的主要電解質。電解質取得平衡，保持細胞外液平衡、維持血壓。 2. 攝取過量鈉，增加患高血壓的風險。
鉀	香蕉、白豆、楊桃、馬鈴薯	1. 人體必需的元素。 2. 保持體內電解質平衡和細胞功能正常。 3. 維持及降低血壓，減低中風的風險。 4. 腎病病人需要控制鉀的攝取量，以免加重腎臟負擔。
氯	食鹽、番茄、生菜、西芹、橄欖、紫菜、五穀類	1. 平衡電解質。
鐵	肝臟、貝類（青口、蜆、蠔）、南瓜籽、黑芝麻	1. 輸送和儲存氧氣等新陳代謝。 2. 預防貧血。 3. 如未能從飲食中攝取足夠鐵質，可能引致缺鐵性貧血。
銅	蠔、菇類、芥蘭	1. 促進鐵的吸收。 2. 構成人體內酶和蛋白質。 3. 保持代謝反應。
鋅	小麥胚芽、蠔、牛、羊肉（瘦肉、排骨）	1. 合成胰島素。 2. 有助生長、發展和睪丸發育成熟。 3. 對於神經功能、傷口癒合和維持人體的免疫系統十分重要。 4. 維持味覺功能與促進食欲。
碘	紫菜、連皮馬鈴薯、鱈魚、海帶、龍蝦、貝類、綠色蔬菜、蛋類、乳類、穀類等	1. 製造甲狀腺激素、維持正常的甲狀腺功能。 2. 促進人體生長發育。
硒	瘦肉、柿子、蒜頭、海產、葱、南瓜、食用菌、蛋類、西蘭花	1. 抗氧化功能。 2. 調控甲狀腺代謝和維他命 C 的氧化還原態。延緩衰老、增強免疫、抵禦疾病。

人 體 所 需 營 養

附錄：
食物酸鹼知多少？

食物的酸鹼度是一個較新的「健康理論」，並未被主流科學界承認。為甚麼？先了解一下甚麼是食物酸鹼性。

礦物質釐定食物酸鹼度

酸味的食物就是酸性？那不是呢！

進食後，食物經食道進入胃部進行消化，再經十二指腸通往小腸，進行分解和吸收，是一連串體內燃燒的過程，並留下「灰燼」（即礦物質）。有些食物被分解後，留下許多礦物質如鉀、鈉、鈣、鎂等；有些食物分解後則含有豐富磷及硫。食物的酸鹼性取決於含那些礦物質元素，當食物含陽離子（鉀、鈉、鈣、鎂、鐵）多於陰離子（磷、氯、硫）時，如蔬菜、水果屬於鹼性；相反，蛋白質高食物，如魚、肉、海鮮、貝類等，含磷、硫量高的就是酸性食物。因此，食物是酸性還是鹼性，不是憑口味，而是取決於所含的礦物質種類，例如檸檬味道酸酸的，卻屬於鹼性食物。

近幾十年，美國、日本和台灣等地都有醫學研究，關於「酸、鹼性體質」對慢性疾病的影響，如癌症、疲勞、肥胖症、敏感、骨質疏鬆等。網絡資料更「聲稱」 八成以上的癌症病患屬酸性體質，令「鹼性飲食」紛紛被推崇起來，某些商業活動、另類療法、營養補充劑業界更廣泛推廣。可是，目前醫學界對「酸、鹼性體質」仍存在爭議。

中性：pH 7

酸性：pH 1 - 6.9　　　　　　　　　鹼性：pH 7.1 - 14

1　　　　　　　　　　　7　　　　　　　　　　　14

人 體 酸 鹼 緩 衝 失 衡

正常的健康情況下，人體自身的酸鹼緩衝系統會自動調節，使血液、體液保持平衡的酸鹼值，緩衝由食物的酸鹼帶來的影響。倘若人體血液與體液的酸鹼值稍有改變，會造成新陳代謝失調與混亂。血液的酸鹼值界於 7.35 至 7.45 之間屬弱鹼性，低於 7.35 表示身體調節功能出了問題，即為「酸中毒」，如腎臟疾病、慢性阻塞性肺病等。相反，如果血液的 pH 值高於 7.45，則是「鹼中毒」。酸鹼中毒多由不同疾病令酸鹼緩衝出現問題所致，並非因為體液過酸或過鹼導致疾病，食物無法改變血的液酸鹼度。

人體雖是弱鹼性，但不同的器官有着不同的酸鹼度，而且相差很大：
- 胃酸的 pH 在 1 至 2 之間，有殺菌作用。
- 十二指腸的 pH 在 4 至 5，被膽汁中和至 7 至 9。
- 小腸的 pH 在 6 至 7.4。
- 大腸的 pH 在 5.6 至 6.9.。
- 唾液 pH 是 5.7 至 7 之間。

即使是同一種體液，因應不同的環境，自身酸鹼度也存在一定的浮動範圍，如正常的尿液 pH 是 5.0 至 7.0 之間，其酸鹼度受所吃食物的影響，吃肉、蛋、奶時 pH 會偏低一些；吃蔬菜、水果則會相對偏高。但尿液的酸鹼度是腎臟「調節」的結果，不會影響到人體的機能。因此，從醫學或營養學來説，食物有酸性及鹼性之分，卻沒有所謂的酸性體質、鹼性體質。

均衡吃酸又吃鹼

若我們的腎臟及肺臟功能正常,食物酸性、鹼性不會影響身體的酸鹼度。以營養、健康、保健養生的角度而談,與其攝取酸鹼平衡的食物,倒不如攝取營養均衡的膳食。無論是吃得過酸或是過鹼,也意味着吃得不均衡,久而久之對健康造成傷害。

不管大家是否追捧「食物酸鹼理論」,食物酸鹼值可作為參考,毋須刻意把食物以「酸鹼」分為「好壞」,中庸之道最合適,切勿矯枉過正。建議「食肉獸」吃少些肉、多吃菜是好事,若平日大多吃鹼性食物,也不妨吃些酸性食物平衡一下。最重要的是遵循均衡飲食的原則,多攝取天然、新鮮的食物。

如前文所提,按照健康飲食金字塔指引,多留意自己身體的反應,選擇適合自己體質的食物,從不同種類的食物吸收各樣所需的營養素,盡量避免加工或精煉的食物。可是,切記不要給自己太大壓力,盲目依從某某「健康」飲食。我時常與學生和朋友分享:「要知道自己吃了甚麼落肚子,心中有數,調節一下往後的飲食,平衡一下就 OK 了。」毋須想太多,盡情享受食物的色、香、味,和朋友共餐的開心時刻,隨後吃清淡一點就可以了!

酸鹼食物對照表

酸性食物	鹼性食物
高酸性 • 蛋黃 • 金槍魚（吞拿魚、鮪魚）、比目魚、鰹魚、魷魚 • 乳酪、甜點、白糖	**高鹼性** • 裙帶菜、海帶 • 菠菜、薑、香菇、椰菜花、番茄 • 木瓜、檸檬 • 蒟蒻、大豆 • 橄欖油
中酸性 • 加工肉製品：火腿、煙肉等 • 肉類：雞、豬、牛等 • 魚類：鰻魚、章魚、三文魚、鯛（鱲魚）等 • 海產類：蜆、乾貝、鮑魚、紫菜等 • 五穀類：蕎麥、小麥、大麥、胚芽米等	**中鹼性** • 百合、大白菜、木耳、番薯、芋頭、萵苣（生菜）、馬鈴薯、牛蒡、椰菜、紅蘿蔔、南瓜 • 香蕉、士多啤梨、酸梅 • 紅豆、栗子
低酸性 • 白米、花生 • 青豆、慈菇 • 啤酒、清酒、忌廉 • 略炸豆腐	**低鹼性** • 牛奶、咖啡、茶、葡萄酒 • 青豆莢 • 橙、蘋果、柿、梨、葡萄、西瓜 • 堅果類：杏仁、合桃等

健 康 寶 藏 常 常 吃

看似簡單的食材，其食療功效、營養價值不下於「補品」或鮑參翅肚。中醫理論認為「藥補不如食補」，由天然食物提供的營養素，最容易被人體吸收，有益健康！每個人的體質各有不同，要食得其所才能達至平衡、健康。讓我們發掘一下這些健康的寶藏。

Nico 挑選了十多款食材烹調的菜式，都是我家的家常菜，材料容易購買，而且烹調、處理方法簡單，在家都可輕鬆做到。

不要輕看這些食材，持之以恆，經常食用，對身體必有食療功效。

（* 長期病患者請諮詢醫生及專業中醫師意見。）

鮮百合
潤肺最佳

VIDEO

百合所含的營養價值包括蛋白質、脂肪、碳水化合物、還原糖、蔗糖、果膠、生物鹼、秋水仙鹼、維他命 B、維他命 C、纖維素及多種礦物質（如鈣、磷、鐵等），營養價值非常高。

中醫學說認為，百合性平、微涼，入心、肺經，有潤肺止咳、清心安神之功效，烹調時宜放一點薑作為藥引，有加強療效之用。

蘭州出品佳

市面出售的鮮百合，質量參差，包裝內含兩至四球不等，體形大小不均，價格亦有所不同。其中以甘肅省特產的蘭州百合為優，蘭州百合味極甜美、纖維很少、又毫無苦味。由於真空塑膠包裝，挑選時只能透過包裝細看，選色澤潔白如玉、肉質肥厚的，但鮮百合不易保存，需放在雪櫃的水果箱，真空包裝約可存放一至兩星期。

食譜選用鮮百合為主，糖水則採用乾百合，挑選沒硫磺或漂洗加工的為上品，以瓣狀呈奶白微黃色、有鱗片狀、乾爽，肉質略透明及帶韌性、具百合特有的滋味及氣味為佳。切忌選色澤太亮白或帶一陣「刺鼻」微酸的氣味。

處理乾百合

將乾百合放在滾水中，煮約 1 至 2 分鐘（以防經硫磺處理，硫磺可溶於滾水及隨着蒸氣帶走），瀝乾，讓蒸氣稍稍蒸乾，再用流動水沖乾淨，備用。若發現百合味道偏酸，代表百合經硫磺處理，應儘快扔掉！

鮮百合的處理方法：

先將啡褐色的鮮百合鱗片去掉，略切去底部，一片一片剝開，用流動水沖淨後，
再用淡鹽水略泡 5 至 10 分鐘，瀝乾備用。

巴馬火腿
鮮百合炒蜜糖豆

這個菜式做法簡單，但營養均衡，色澤吸引，萬綠叢中，一瓣瓣透白百合，仿似翡翠白石，配上點點紅的巴馬火腿，必令你增加食欲。

材料

蜜糖豆半斤 / 鮮百合 1 至 2 個（球狀）/ 肉碎 2 兩 /
巴馬火腿（Parma Ham）2 片 / 薑 2 片

做法

① 巴馬火腿切細段；肉碎用鹽、豉油、豆粉及油略醃。
② 鮮百合拆開瓣，洗淨。(清洗方法參考 p.61)
③ 蜜糖豆洗淨，撕去豆蒂，用油鹽水略飛水，備用。
④ 燒熱油，大火略炒百合，上碟。
⑤ 燒熱油，大火爆香薑片，加入肉碎及巴馬火腿炒香，再下蜜糖豆及百合炒勻，
　　灒水，試味，最後打薄芡上碟。

小煮意

■ 在最後步驟可用灒酒代替水，可將所有材料的味道互相融合，以及將蜜糖豆
　煮透一點。

芝麻
滋味又補身

芝麻又稱胡麻,種子分為黑、白兩種。白芝麻多以食用,提煉成麻油、麻醬,有助增加餸菜及甜品的香氣;又或做成糖不甩、鳳凰卷的糖粉餡料等。至於黑芝麻,台灣及日本以黑芝麻榨油,香港則喜用黑芝麻製成甜品如芝麻糊、黑芝麻湯圓等。其中,以黑芝麻入藥為佳。

補鈣潤膚

黑芝麻含有大量脂肪,主要成份是對人體非常有益的不飽和脂肪酸、優質蛋白質、碳水化合物、糖類、維他命 A、生物素、維他命 E、卵磷脂、鈣、鐵、鉻、磷、鉀、鈉、銅、鎂、鋅、硒等。其維他命 E 含量,佔總維他命量約 70%,具優異的抗氧化作用,防止有害物質游離基積聚於細胞內,使皮膚白晳潤澤,常吃芝麻能增加皮膚彈性,並防止各種皮膚炎症。黑芝麻富含維他命 B_7(生物素),對身體虛弱、早衰引致的脫髮效果最好,對藥物性脫髮、某些疾病引起的脫髮也有一定療效。維他命 B_1 更可提升人體的代謝功能。

日常補充鈣質,不妨養成每天吃黑芝麻的習慣,其含鈣量很高,比蔬菜和豆類

高得多，補鈣效果優於白芝麻數倍，經常食用對骨骼、牙齒的發育大有益處，素食者和不愛喝牛奶的人，可以一天吃三匙黑芝麻補充鈣質。可是，患有慢性腸炎、便溏腹瀉等病症患者則不宜食用。

增記憶、抗衰老

芝麻中的亞油酸、油酸、亞麻酸等不飽和脂肪酸，有調節膽固醇、防止心血管疾病、抗衰老、去除附於血管壁上膽固醇的作用，而且延年益壽。其卵磷脂含量可防止頭髮過早變白或脫落，工作常要「動腦筋」的朋友，日常多吃黑芝麻，補充卵磷脂以增加思考的敏銳度，有助增強專注力和記憶力。芝麻含有防止人體發胖的蛋黃素、維他命、膽鹼和肌糖，是人類的必需營養素，也是構成細胞膜的重要成份，因此芝麻吃多了也不會發胖，在節食減肥之時，配合芝麻食用，粗糙的皮膚可得到改善。

黑芝麻表皮含有天然花青素（Anthocyanins），屬類黃酮化合物，是純天然抗衰老的營養補充劑，有增強視力、消除眼睛疲勞、加強心肺功能、預防老年癡呆、延緩腦神經衰老，對由糖尿病引起的毛細血管病有治療作用。

磨粉易吸收

黑芝麻仁包有一層稍硬的膜，碾碎後才容易消化及吸收，所以建議將整顆黑芝麻磨成粉，可加入餸菜、飲品，或做成甜品或餡料享用。

黑芝麻的表皮有天然的花青素，放在水裏慢慢地溶解出來，形成一種比較透明、有點褐色的溶液。如果黑芝麻泡在水裏，黑色素一下子跑出來，還是一團烏黑、不透明的，很有可能是芝麻染上了東西，可能是食品色素植物碳黑、或墨汁等。

辨別真假黑芝麻的方法很簡單，只要找出一顆折斷的黑芝麻，在折斷部份是黑色的話，那說明是染色的；如果折斷部份呈白色，則表示是真的黑芝麻。正常的黑芝麻雖然色澤發黑，但深淺不一，若發覺每顆芝麻都烏黑發亮，黑色異常均勻，那就值得懷疑了。

與合桃相同，芝麻含高油份，容易出現「油膉」，需以真空包裝，儲存於冰箱（≦-18℃），減慢氧化速度。最佳保存芝麻油的方法，是以不透光的玻璃瓶盛載，並放於雪櫃（<4℃），因光源能加速氧化程序。

黑芝麻拌青瓜米線

每逢炎夏，媽媽很喜歡以「雜糧」（粉麵）代替午飯。涼拌米線是熱天的常餐，有時加入叉燒絲、蛋絲或豆乾絲，增加不同的味道及口感層次。

材料
黑芝麻 3 湯匙 / 青瓜半條 / 乾米線 1 人份量 / 橄欖油少許 /
冷麵汁（或豉油）適量

做法
① 黑芝麻放入白鑊炒香，待涼，磨成粉備用。
② 青瓜切成幼絲，浸於冰水半小時，瀝水備用。
③ 乾米線煮熟，瀝水，過冷河，再瀝水備用。
④ 將米線放於碗內，鋪上青瓜絲，灑上黑芝麻粉，最後淋上少許橄欖油及冷麵汁，拌勻後享用。

小煮意
■ 青瓜絲以熟冰水浸泡片刻，口感更爽脆好吃。

原食材 @ 始健康

白米、糙米
能量之源

稻米主要分為粳稻和秈稻兩類，粳稻是短穀粒（Short grains），米粒短而渾圓，帶黏性，如日本米和東北大米煮出來的米飯，飯質軟綿。秈稻是廣東或香港人吃慣的米，米粒較長（Long grains），黏性較少，飯質較硬。

有營粒粒米

稻米富含碳水化合物及糖類，能迅速為身體補充能量及大腦消耗的葡萄糖，緩解腦部葡萄糖供養不足而出現的疲憊、易怒、頭暈、失眠、注意力渙散、健忘等徵狀。稻米中的氨基酸組成比較完全，蛋白質以米精蛋白為主，易於消化吸收。稻米可提供豐富的維他命 B 族、維他命 E，更含鈣、磷、鉀、鈉、鎂、鐵、鋅、硒、銅、錳等礦物質。銅是人體健康不可缺少的微量營養素，對血液、中樞神經、免疫系統、頭髮、皮膚、骨骼組織、腦、心及肝等內臟發育和運作有重要影響。中醫學來說大米有補中益氣、健脾養胃的功效。

糙米保留營養素

糙米，是將穀粒外層的硬米糠殼去除，以黃褐色中層衣米糠包着白米；白米則是將糙米再經過碾米，加工除去部份或全部米糠中層及胚芽而成。糙米的蛋白質、脂肪、纖維、維他命及礦物質含量比白米多，因為營養元素蘊含在黃褐色外衣及胚芽中，米糠中層的粗纖維分子有助胃腸蠕動，對胃病、便秘、痔瘡等消化道疾病有幫助。糙米較精製白米更有營養，降低膽固醇，減少心臟病發作和中風的機率。

由於糙米被米糠中層衣包裹着，需要較長時間烹煮，一般會預先將糙米浸泡才下鍋煮飯。糙米中的維他命 B 族是水溶性維他命，洗米時將糙米快速沖洗，量水後浸米，煮飯時一併將浸米水下鍋，否則維他命 B 也會倒掉！

鮮 百 合 松 子
玉 米 小 米 糙 米 飯

白米飯有點單調，百合的食療功效很好，媽媽喜歡洗米後，將百合放在米面一起煮。Nico 喜歡做有味飯，鮮百合松子玉米小米糙米飯，營養更豐富。

材 料
松子半飯碗 / 粟米粒半飯碗 / 鮮百合 1 包 / 蒜頭 2 粒（剁茸）/
糙米 1 碗 / 小米 2 湯匙

做 法
① 糙米和小米洗淨，用水浸 15 分鐘（1 份糙米，水的比例為 1.1），按動開關，煲熟成飯。
② 鮮百合拆開一瓣瓣，洗淨備用（清洗方法參考 p.61）。
③ 熱鑊爆香蒜茸，快炒粟米及鮮百合，下鹽調味，拌入生粉薄獻後，關火。
④ 待飯煮熟後，加入炒好的粟米鮮百合，灑上松子拌勻，可伴豉油及熟油享用。

小 煮 意
■ 浸泡糙米的水不要倒掉，跟米一起煮飯，可保留糙米的維他命 B 營養。

合桃
最健康的果仁

合桃又稱核桃、胡桃，含豐富脂肪、蛋白質、人體必需的多種微量元素（如礦物質及維他命）。

降低壞膽固醇

合桃脂肪含量很高，很多人將這款健康食材拒於門外。其實，合桃內的脂肪酸，主要是單元不飽和脂肪酸，奧米加－9 (Monounsaturated Fatty Acid，Omega-9) 及多元不飽和脂肪酸，奧米加－3 (Polyunsaturated Fatty Acid，Omega-3)，能保持心臟健康，有助降低「低密度膽固醇」（壞膽固醇）。合桃所含脂肪的主要成份是亞油酸甘油脂，進食後不會令膽固醇升高，還能減少腸道對膽固醇的吸收，可作為高血壓、動脈硬化患者的滋補品。這些油脂還可供給大腦基質的需要，經常食用合桃，有潤肌膚、烏鬚髮，及防治頭髮過早變白、脫落的功能。

合桃內的蛋白質，富含賴氨酸，這是人體必需氨基酸，不能自行合成，要靠食物提供，而且極易吸收。賴氨酸能夠建立肌肉組織、修補損傷組織、提高中樞神經組織、有助吸收鈣質、促進人體發育、增強免疫功能，而且更促進身體產生抗體、酶和激素，對大腦神經極為有益。

益智增記憶

合桃含有人體必需的多種微量元素（鈣、 鉻、鐵、鎂、磷、銅、鉀、硒、 釩和鋅等礦物質）。書內第二章曾提及鉀、鈣和鎂是調節血壓的必要元素。鈣、磷、鎂則是保持骨骼健康的礦物質。核桃仁含有鋅、錳、鉻等人體不可缺少的微量元素，有助預防衰老，其中鉻有促進葡萄糖在體內運用、膽固醇代謝和保護心血管的功能。鋅和錳是腦垂體的重要成份，常吃合桃能補充腦部營養素。

除了礦物質，合桃也蘊含多種維他命，包括維他命 A （胡蘿蔔素）、B_1、B_2、B_6、B_7、C 及維他命 E 等。維他命 E 有抗氧化及抗炎的功能，大部份以 γ - 生育酚維他命 E (γ - Tocopherol) 的形式存在（一般堅果只以 Ω - 生育酚維他命 E 居多），具有良好保護心臟的功能，防止細胞老化，健腦、增強記憶力、延緩衰老，促進新陳代謝（請參閱 P. 34 有關維他命的功能）。

除了合桃仁含大量營養要素，合桃衣也有大量的酚類化合物（Phenols），包括關鍵酚酸類物質（Phenolic acids）、單寧（Tannins）、黃酮類化合物（Flavonoids），是抗氧化和抗炎的植物營養素。烹調合桃時，不要嫌棄合桃衣苦澀而將它去掉。偶爾在電視節目有廚師用梳打粉把合桃漂洗，令菜式外觀漂亮，但當中有益的成份卻全部去掉！科學家們認為，人體吸收了合桃的抗氧化物質，使肌體免受很多疾病的侵害。

補 腦 又 強 腎

合桃，除了被西方科學推崇為天然健康食物外，在中醫醫學角度來說，合桃是無價寶！明代李時珍《本草綱目》記述，合桃仁有「補氣養血，潤燥化痰，益命門，處三焦，溫肺潤腸，治虛寒喘咳，腰腳重疼，心腹疝痛，血痢腸風」等功效。中醫認為合桃仁性溫、味甘，有健胃、補血、潤肺、養神功效。合桃外型似腦又似腎，被民間推崇「以形補形」之說，最適合腦力工作者，用腦過度，會傷心血，常吃能補腦、改善腦循環、增強腦力。合桃具有強腎養血的作用，補腎陰，腎乃五臟之源。此外，「髮為血之餘」，腎主髮，所以多吃合桃令頭髮烏黑亮澤、潤肌膚的作用。

中醫臨床以合桃入藥，對大腦神經有補養作用。中醫認為感冒時不宜進補，也緊記別進食合桃！有臨床個案顯示，果仁或會加重炎症病癥，當身體及關節發炎時，也不宜吃合桃！遇着任何疑問，要多多請教你們的中醫師和醫生。

合桃的油份含量高，當中的不飽和脂肪酸尤為不穩定，在空氣中易造成氧化，進一步分解產生游離脂肪酸、中等分子量的醛類，造成異臭味的現象，產生酸敗，一般酸敗後油脂的密度減少，碘值降低，酸值增高，即是「油臌味」！自然氧化現象，確實難以避免，唯有減慢此過程發生。以真空包裝放入冰箱儲存（≤ - 18℃），低溫會減慢氧化速度。此外，放入冰箱內也不要存放太久，以保持新鮮。購買時，光顧食材銷量快的店舖，試食後確保質量無問題才選購。

紅豆核桃芝麻百合糖水
順德生日糖水 — 健康版

順德人很重視大生日，即使三十歲這麼年輕，也會辦生日宴，因為他們深信「三十而立」。

在我印象中，媽媽在四十歲和六十歲生日也大肆慶祝一番，我曾幫忙掰雞蛋，煮「生日糖水」！順德人的「生日糖水」，材料有花生、蓮子、百合、白芝麻、粉絲和焓熟雞蛋。

花生、蓮子需預早浸泡、去衣。一大清早準備煲煮，先放入芝麻和花生，因花生需要較長時間才軟臉，煲一小時後，再下蓮子、百合，煲至大部份蓮子和百合綿綿的，可加入粉絲和糖調味。順德人很吃得甜，這道糖水的材料較多，稍甜才好吃，最後拌入焓雞蛋，就是順德傳統的「生日糖水」。

近年，我們聽從中醫師吩咐，脾胃不好，不要吃花生和蓮子。於是將順德「生日糖水」加以改良，變成「鄒家生日糖水」。以紅豆、合桃、百合和白芝麻取而代之，百合富含維他命 B_1、B_2 和 C，與紅豆中豐富的蛋白質及鐵質等營養素配合，有補充氣血、安定精神的功效，這款「生日糖水」絕對是「健康養生糖水」。

材料
紅豆 6 兩 / 合桃 1 飯碗 / 白芝麻 2 湯匙 / 乾百合（無硫磺）1 飯碗 /
粉絲 1 小束（約 20 克）/ 冰糖適量 / 水 6 至 8 碗

做法
① 百合洗淨，浸軟備用；粉絲浸水至軟；其他材料洗淨，瀝水備用。
② 紅豆、合桃、白芝麻及水放入煲內，滾後用中小火煲至紅豆起沙（約 1 小時），或放入真空煲代煮。
③ 最後加入已浸軟的百合和粉絲，煲至百合鬆化，加入冰糖調味，試味後即成。

小煮意
■ 購買鮮百合煲糖水，功效更佳。
■ 可用紅糖代替冰糖，或以椰汁調味，悉隨尊便。

小麥類
全麥高纖高營養

小麥碾磨後製成麵粉，按不同加工程序製成全麥麵粉和白麵粉，全麥麵粉能保留小麥較多的營養成份，包括纖維素、維他命 B_1、B_2、B_3、B_9（葉酸）、E 及磷、銅、鋅、鐵等礦物質。

日常粉麵如米粉、米線、河粉、腸粉、檬粉等以粘米粉為原料；麵包、麵類（蛋麵、伊麵、蝦子麵等）、意粉類製品則以麵粉製成。

意大利粉、全麥麵包的升糖指數，較白米飯及白麵包為低，升糖指數（Glycemic Index）較低，即需較長時間消化，非短時間轉化為葡萄糖。換句話說，是減肥人士或糖尿病患者不錯的主食選擇。

番茄青豆豬肉

番茄青豆炒豬肉是我們的至愛，是童年的菜式，是回憶的味道。爸爸、Nico 和我特別喜歡吃青豆，媽媽會特意多加青豆。現在每次煮這個菜，吃的時候都有絲絲的思念，掛念爸爸媽媽！

材料

急凍青豆 1 飯碗 / 番茄 4 大個 / 豬肉碎大半碗（約 4 兩）/
茄汁 3 湯匙 / 糖約半茶匙（按番茄成熟度調節用量）/ 水 1 碗 / 意粉適量

做法

① 豬肉碎用豉油、鹽、豆粉及油輕拌，醃一會。
② 番茄在外皮剝上十字紋，放入滾水煮 10 秒，盛起，撕去皮，切大件。青豆略飛水，備用。
③ 熱油爆香青豆，濳酒，下鹽略拌，盛起備用。
④ 熱油爆香肉碎後，加入番茄爆至軟身，加入一碗水，加蓋煮至番茄變軟成濃醬（可用鑊鏟略壓番茄），埋獻。
⑤ 加入青豆，加蓋煮至腍身，下鹽、糖及茄汁調味即可上碟，拌飯、意粉或螺絲粉皆可。

小煮意

■ 此菜拌任何意粉或螺絲粉皆可。

蘋果、啤梨
抗氧化孖寶

「一日一蘋果，醫生遠離我」

蘋果含豐富糖類、蛋白質、脂肪、多種維他命（β-胡蘿蔔素、維他命 B_1、B_2、B_6、維他命 C）及鈣、磷、鐵、鉀等礦物質，其中包含豐富的抗氧化植物營養素（Phytonutrients）和多酚（Flavonoids），與維他命 C（天然的抗氧化劑），可減低自由基形成機會，有助抗老化、抗炎和抗癌。

蘋果蘊含鐵質，我的食療養生老師建議我們飯後飲用一杯蘋果汁，因蘋果含有維他命 C，有助鐵質吸收，有缺鐵性貧血的朋友不妨參考此方法。

研究報告指出，蘋果的膳食纖維和果膠能幫助消化、滋潤腸臟。蘋果的營養成份帶給我們很多健康好處，「一日一蘋果」能讓我們保持健康體格。

啤梨高鉀，維持血壓

小時候吃的啤梨是由澳洲進口，大大個，又香又甜又多汁。時至今日，市面上有南非種植的啤梨，樣子雖似，但體形略小，卻完全沒有澳洲啤梨的香甜。近年，生果進口商從意大利、荷蘭等國家引入長啤梨，味甜多汁，也是不錯的選擇。

啤梨完熟後，果肉比一般水果腍滑，甚至帶點黏稠，這是因為啤梨含果膠（pectin）特別高，真的又香又甜又多汁！青啤梨含有大量果糖，迅速被人體吸收。啤梨豐富的維他命 B_2、C、E 和鉀，並有大量水溶性纖維及果膠，可保持皮膚彈性、鎖水與白皙，亦可降低膽固醇。

在眾多營養成份中，鉀（potassium）尤為重要，鉀在啤梨中的比例，比一般水果高。鉀是人體必需的礦物營養素，是人體細胞內的主要陽離子，有助維持心跳律正常，保持神經健康，協助肌肉正常收縮，維持人體細胞與組織的正常功能，調節血壓。

維他命 C 可保護細胞、增強白血球活性、有利鐵質吸收、加速傷口癒合。韓國人喜用梨汁混合調味料醃製牛肋骨和燒烤肉，除增加風味外，梨中維他命 C 的抗氧化功能，可減低烤肉在炭燒期間的高溫引致脂肪酸轉變為自由基，減低致癌物衍生。

啤 梨 蘋 果 麥 冬 飲

小時候，無論媽媽煮杏仁糊，又或是用南北杏煲湯，她總會把杏仁的頂尖除去，
她跟我們說：「南北杏帶微毒，去除尖端可減輕毒性，尤其北杏不可多吃。」

材 料

啤梨 3 個 / 蘋果 2 個 / 南杏 2 湯匙 / 北杏 1 湯匙 /
麥冬 2 兩 / 水 8 至 10 碗 / 冰糖適量

做 法

① 啤梨及蘋果去皮，切成 4 份，去心。
② 南北杏剪去尖端部份。
③ 啤梨、蘋果、南北杏、麥冬放入煲內，加水煲滾後，轉中小火煲 1 小時。
④ 最後加入冰糖煮溶，試味即可。

小 煮 意

- 這款飲品可按個人腸胃，考慮加入幾片薑同煮，亦可加入雪耳，成為滋潤的
甜品。
- 隨着季節轉變，嘗試選用蜜瓜、哈蜜瓜，以及不同的水果搭配煲煮，味道各
有不同。
- 由於啤梨鉀含量高，患有腎病人士不可多吃，請先諮詢專業中醫師及西醫的
意見。

豬 肉
高 蛋 白 的 平 民 食 材

豬肉提供人體完全蛋白質（即含有人體需要的 9 種「必需氨基酸」）、脂肪、碳水化合物、維他命及礦物質。一般而言，除個別宗教信仰外，大部份人均適合食用豬肉，但若攝取過量，額外的熱量會轉化為脂肪儲存於體內，導致肥胖。

豬蹄含蛋白質、脂肪、碳水化合物、鈣、磷、鐵、維他命 A 及 B 及豐富膠原蛋白，適量吸收有潤肌美容之效，可是小心皮下油脂，避免進食過多飽和脂肪。對於脂肪及豬油，患高血壓或偏癱（中風）病者、腸胃虛寒、虛肥身體、痰溼盛、宿食不化者應少食。

燉 煮 蒸 煲 ， 保 持 營 養

豬肉的吃法多變，烹製方法更令人眼花繚亂。從營養保健角度來說，以燉、煮、蒸較佳，煮脍的肉較易消化，將蛋白質水解成氨基酸溶入湯，湯品味鮮之餘，還富有營養。炸和烤則不宜，因在高溫下燒製，肉類的蛋白質會變性為致癌物質「苯並芘」（Benzopyrene，BAP），尤其脂肪及蛋白質含量高的食品，受熱分解時會產生較多致癌物。燒焦、油炸過火的食品，致癌物含量更高，應盡量避免食用。苯並芘被世界衛生組織（WHO）的國際癌症研究機構（International Agency for Research on Cancer，IARC）列為第一組「令人類患癌」的物質。

菜 式 變 化 多

豬肉屬酸性食物，為保持膳食平衡，每餐應搭配適量豆類和蔬菜等鹼性食物，如綠葉蔬菜、馬鈴薯、海帶、芋頭、豆腐等。

豬肉和魚是我們的主要家常肉食，豬肉菜式多不勝數，除了炒肉、蒸肉餅或煲湯外，最喜歡媽媽做的「魷魚剁豬肉」，媽媽剁肉餅非常講究，她說：「豬肉要細切粗剁……」此外，「酸梅麵豉蒸排骨」、「滷豬脷」、「炸排骨」、「豬腳酸」、「香茅煎豬扒」都是我們的至愛。

媽媽處理豬肉、骨頭，不管炒、煮、煲湯或煲粥，會先把整塊肉或骨頭汆水（飛水），再放在水喉下沖洗，去除表面油污及血水。後來我在報章上看到唯靈前輩的文章，他說飛水的肉類要凍水放入後才慢慢加熱，才不致肉質纖維鎖緊，血水容易釋出。試驗後效果非常好，告之媽媽，她學習了此法並說：「唯靈是我的鄉里，他教的方法當然講究！」

必須注意，豬肉必須煮熟才吃，因肉中時有寄生蟲，若生吃或調理不當時，可能在肝臟或腦部寄生有鉤條蟲。

三 杯 骨

對三杯菜式絕對不會陌生，「三杯」是順德有名的菜式。若問我喜歡豉油雞或白切雞？毋須考慮，豉油雞……不過，是媽媽烹調的豉油雞，即是「三杯雞」。

小時候，是這樣聽着媽媽教鄰居煮三杯雞，「一杯糖、一杯酒、一杯豉油……不用加水。」原來，外公也是這樣教媽媽做的！

今天，Nico 也教了侄兒，已傳承第四代了！

材料
排骨半斤 / 冰糖或原糖 1 小杯（約 30 克）/
花雕酒 1 小杯（約 30 克）/ 豉油或生抽 1 小杯（約 30 克）/ 薑 2 片

做法
① 排骨放入水內（水蓋過排骨），開大火，水滾時關火，取出排骨在水喉下沖淨，瀝乾備用。
② 用薑起鑊，放入排骨炒勻，下花雕酒、豉油及冰糖。
③ 滾起後，加蓋，調至小火燜至腍（約需 20 分鐘），待醬汁濃稠，試味後即可上碟。

小煮意
■ 可依據肉類份量的多少及個人口味，增加調味料份量（糖︰酒︰豉油為 1:1:1）。

豬 蹄
良 好 的 養 生 食 材

豬蹄含有較多蛋白質、脂肪和碳水化合物，並有鈣、硒、磷、鉀、錳、鎂、銅、鐵等多種微量元素。維他命含量亦豐富，包括維他命 A、D、E、K 及 B 族。

豬蹄的外皮及筋腱含豐富膠原蛋白質，在烹調過程中，膠原蛋白質轉化成明膠，可改善機體的生理功能和皮膚組織細胞的儲水功能，延緩皮膚衰老。豬蹄的皮下脂肪則含膽固醇，避免進食過厚的皮下脂肪，防止脂肪積聚。

中醫認為豬蹄性平，味甘咸，具有補虛弱、填腎精、健腰膝、養胃陰的功能，是一款不錯的養生食材。

客家沙薑豬手

豬蹄，是豬的前蹄和後蹄。一般來說，前蹄即豬手，腱肉較多，燜煮皆宜。後蹄即豬腳，肉販分割後，只剩餘下蹄部份，以皮、筋為主。可視乎個人的喜好，選購那部位的豬蹄。媽媽一般喜歡選購豬手做菜。

客家人和順德人也喜歡吃豬手菜式，原來兩個菜系同樣有「豬腳酸」這個菜（媽媽是這樣稱的），即甜酸豬手。

今次 Nico 以客家東江口味，使用沙薑作為主味，與豬手非常配合，而且冷吃或熱吃也非常滋味。

材 料
豬手 2 隻（斬成件，約 18 件）/ 葱 1 條（切段）/
薑數片 / 鹽 1 湯匙 / 純沙薑粉或鮮沙薑適量

做 法
① 豬手放入水內，以大火飛水，待滾後關火，取出，沖洗乾淨，瀝乾。
② 燒滾熱水，加薑片、葱段、1 湯匙鹽和豬手件煲至大滾（水要浸過豬手），轉小火燜約 1 小時至豬皮腍身（或放入真空煲慢燉 2 小時）。
③ 豬手取出，灑入鹽及沙薑，試味後即可。

小 煮 意
- 煲煮至軟身的豬手，取出後可略浸於冰水，令豬手更爽口。
- 煲豬手剩餘的湯水，可留作上湯使用。

魚

DHA、EPA 之 冠

魚肉的蛋白質含量是豬肉的兩倍，僅次於雞蛋，是完全蛋白質，是人體需要的9 種「必需氨基酸」，所含必需氨基酸的量及比值，最適合人體需要，容易被人體消化並吸收，而且魚的熱量又比肉類低，是一種優質的食材。

適 量 進 食 深 海 魚

眾所周知，魚類含有豐富的 EPA 及 DHA，比肉類（豬、牛、羊等）為多，一般海產食物多含有 DHA，尤以深海魚類如：三文魚、鯖魚、沙甸魚、秋刀魚等。

人體吸收的脂肪酸，當中最重要的有兩大類，一是來自穀物和動物肉類的奧米加6（Omega 6，Ω - 6）；另一類是來自魚類的奧米加 3（Omega 3，Ω - 3）。奧米加 3 是一種多元不飽和脂肪酸（EPA），研究指出最佳攝取魚油的來源是由天然食物中攝取，不建議由魚油膠囊取得，只要是魚鱗閃閃發光，背部為青色的魚，都含有大量 DHA，例如秋刀魚、鯖魚、沙甸魚、石斑魚、三文魚、鰹魚、吞拿魚、白鯧魚、金線魚等深海魚類。

識 揀 新 鮮 魚

挑選新鮮魚時，魚眼要明亮透明、不可混濁，當魚的眼睛變灰、混濁不清及凹陷，則表示已擺放長時間，故選購時先觀測魚眼，再檢查魚鰓是否鮮紅。你還可透過以下方式得知魚是否新鮮：用手指輕壓魚肉，要有彈性；觀看魚身及腹部是否完整、不破裂；魚鱗片緊貼魚身，沒有脫落。事實上，魚販或餐飲業者為減低活體海鮮死亡損耗，或會放少量抗生素，增加魚的抵抗力，抗生素對人體不好，甚至提高致癌率。

魚片豆腐

這個食譜除了選用鯇魚片外，也可採用厚肉少骨的魚肉或魚滑炮製。媽媽買到新鮮鮫魚，會將鮫魚起肉剁成魚膠，加入蝦米碎、木耳粒、芫茜、葱……打成爽滑魚膠，放在豆腐上蒸，或弄成一球一球的魚丸，配上豆腐、西洋菜、枸杞煮成湯，連一向怕「腥」的我，也覺得非常美味，一點腥味也沒有，魚丸爽滑鮮甜。可惜，媽媽所做的鮫魚膠，只能在記憶中回味！

小時候聽媽媽解釋，為何魚膠加入木耳拌勻，「一來爽口；二來鮫魚的膽固醇較高，加入木耳可平衡一下。」媽媽的營養意識真的不錯！

* 鮫魚平均每 100 克含 95 毫克膽固醇（不同品種的鮫魚，其膽固醇有高低之別）。

材料
鯇魚肉 1 條 / 布包豆腐 2 磚（或盒裝煎炸豆腐 1 盒）/ 薑絲 2 大湯匙 / 葱花半碗

做法
① 鯇魚肉洗淨，瀝乾水份，切雙飛片，用豉油、豆粉、鹽及油醃片刻，備用。
② 豆腐切厚片，鋪於碟上，再放上鯇魚片及薑絲。
③ 燒熱水，大火蒸 6 至 8 分鐘，倒去碟內水份，灑上葱花，灒熱油，最後淋上豉油享用。

雞 蛋
蛋 白 蛋 黃 皆 是 寶

雞蛋是高蛋白質的食物，優質蛋白藏於蛋白中，是完全蛋白質，即提供人體必需的氨基酸，對肝臟組織損傷有修復作用。其實，蛋黃的食療價值較高；蛋黃中的脂肪，以卵磷脂含量較高，還有甘油三酯、膽固醇和蛋黃素，很多人聽見蛋黃，就怕膽固醇，避之則吉，食雞蛋一定將蛋黃拿走。其實，蛋黃中的膽固醇和卵磷脂，能維持細胞穩定、增加血管壁柔韌性、保持人體功能、增加免疫力。卵磷脂進入人體後分離出腸酶，具有防止皮膚衰老的作用。除了卵磷脂，蛋黃也富含 DHA 和卵黃素，對神經系統和身體發育相當有幫助，健腦益智、改善記憶力、促進肝細胞再生。

一 顆 蛋 ， 營 養 多

雞蛋所含的礦物質，是人體所需要的鐵、磷、鉀、鈣、銅等。

鉀：具有維持鉀鈉平衡；消除水腫；提高免疫力；降低血壓；紓緩貧血，有利於生長發育。

銅：是人體健康不可缺少的微量營養素，對血液、中樞神經、免疫系統、頭髮、皮膚和骨骼組織，以及腦、肝、心等內臟發育和功能有重要影響。

鐵：在人體具造血作用，並在血中輸送氧氣及營養物。

至於維他命方面，蘊含維他命 A、B_2、B_3、B_6、B_{12}、D、E 等，其中抗氧化能力很強的 A 和 E，可以分解和氧化人體內的致癌物質，具有防癌作用。

雞蛋是人體補充營養佳品，半素食者可吃雞蛋來補充蛋白質及其他素食不能提

供的養份，如維他命 B_{12}。中醫學説，雞蛋是滋補及營養價值很高的食療材料，也具一定的醫療效用。

雞 蛋 創 意 美 食

蛋白宜熟吃，較易消化及吸收；蛋黃則宜半生熟，易被人體吸收，蛋黃太熟的話會變得乾硬，給人膩滯的感覺。烹調雞蛋的方法多變，而且簡單易做，無論煎、炒、煮、焓、燜、燉、蒸，皆可變化出無窮的創意食譜。

我家的雞蛋家常菜多不勝數，「豬肉鹹蛋粉絲煮水蛋」是我的至愛，蒸熟後的蛋面像啫喱，滑溜溜，淋上少許豉油熱油，必定多添飯吃。「蝦毛仔（鮮銀蝦）煎蛋」是懷舊菜式，新鮮銀蝦幾乎絕迹街市了，而且煎蛋角很花功夫，蛋漿放入生鐵鑊後，馬上搖動一圈，趁蛋皮四成熟左右，加入預先炒熟的肉碎於蛋皮一邊，覆上另一邊蛋皮成半圓形，輕壓才成。其他菜式還有「豬肉雞蛋炒粉絲」、「肉碎雞蛋焗蟹缽」、「豆角粒炒蛋」及「蝦仁炒蛋」，簡單又美味！

番薯蛋沙律

薯仔沙律、蛋沙律吃得多,真估不到以番薯配雞蛋弄成沙律,也非常美味。番薯有一份獨特的香甜味,選用黃心番薯,配合雞蛋和沙律醬,做出來的沙律色澤粉橙乳白,很浪漫的色調!

材料

番薯 1 斤

焓蛋 4 個(弄碎)

沙律醬適量

鹽適量

乾葱頭 1 粒(剁茸)

做法

① 番薯焓熟,去皮,壓成粗茸,加入蛋碎拌勻。

② 拌入沙律醬、鹽及乾葱茸調味。

③ 可塗抹多士或麵包享用。

薑
不 平 凡 的 香 辛 料

薑是一種極為重要的調味品，更是一味重要的中藥材。

生 薑 的 養 生 魔 力

在炎熱時，薑有興奮提神、排汗降溫的作用，可緩解疲勞乏力、厭食失眠、腹脹腹痛等徵狀。生薑具有解毒殺菌的作用，當中的「薑辣素」進入體內，會產生一種抗氧化本酶，它有很強對付氧自由基的本領，比維他命 E 還要強得多。生薑中的薑烯、薑酮還有明顯的止嘔吐作用。

生薑中的「薑酚」能刺激胃黏膜，引起血管運動中樞及交感神經興奮作用反射，促進血液循環，提振胃功能，達到健胃、止痛、發汗、解熱的作用。薑更可增強胃液分泌及腸壁蠕動，幫助消化。

進 食 適 可 而 止

民間傳聞有說：「薑只能白天食，晚間吃薑尤如砒霜。」其實也太誇張了，其實是「薑酚」在作怪。若夜間食用大量生薑，令腸道蠕動無休止，影響睡眠質素，身體各部位得不到休息狀態，因而傷脾胃及腸道。另有中醫理論認為：「太陽下山，人體陽氣也隨之而下降，不宜食薑。」因為「薑酚」的刺激性，除刺激脾胃、令腸臟蠕動，也增加了血液循環，間接令其他臟腑活躍起來，同樣地，若晚上作息時得不到充份的休息，有反陰陽定理而已。因此，只要不大量食用薑，如薑醋、薑雞酒等為主食，則不用太擔心，以薑片起鑊炒菜、煲湯或以薑

絲蒸魚，不會成為「砒霜」的！若晚上寒咳不止，飲少量煲薑水，的確能紓緩夜咳情況。有專業中醫師指引處方，絕對沒問題的。有時不要人云亦云，必須尋根究柢，才會吃得放心。

薑生長於泥土裏，使用前必須徹底洗淨，腐爛了的薑不要食用，因會產生一種毒性很強的物質，使肝細胞變性壞死，誘發肝癌、食道癌等。鮮薑洗淨後，不要去皮（生吃做成蘸料，可用滾水略沖表面），切絲或切片烹煮。有些人吃薑喜歡削皮，這並不能發揮薑的整體功效。

生薑雖有益，但並非多多益善！凡事應中庸，適可而止。生薑性辛溫，屬熱性食物，根據「熱者寒之」的原則，夏季天氣炎熱，容易口乾、煩渴、咽痛、汗多，不宜多吃薑。做菜或做湯時放幾片生薑即可，可減低瓜菜之寒性。

薑汁番薯
鮮百合雞蛋糖水

炮製這道甜品，快捷又簡單，寒冬時飯後吃一碗，暖笠笠，必能香甜入睡，但緊記別臨睡前吃啊！

材料

老薑 1 大塊 / 黃心番薯 3 至 4 個 / 片糖約 2 片 / 鮮百合 2 個 / 烚雞蛋適量 /
水 4 至 6 碗

做法

① 薑略沖洗，切角、拍扁。
② 燒滾水，加入薑片及片糖，大滾後轉中火，煲約 15 至 20 分鐘，令薑味散出。
③ 加入連皮切角的番薯，用小火加蓋煲至軟身（約 20 分鐘）。
④ 最後下鮮百合煮至軟腍即可。
⑤ 盛於碗內，加入烚蛋同吃。

便 宜 又 養 生 的 街 市 食 材

在街市買菜，見到的，不是菜，就是瓜，紅紅綠綠，習以為常。曾聽朋友説：「平平無奇的瓜菜，擔心營養不足，想為家人買點好的，是否越貴越好？」

當然不是！街市售賣的食材，最能反映民生，最好選購當時得令的蔬菜、瓜果，又平又好、新鮮又容易買到的。

今時今日，香港一年四季也吃到所有蔬菜、瓜果，這是冷藏保存技術和溫室栽種的的成果。我們建議按時令、寒熱季節，配合食療養生選吃較為適合。夏天吃當造的瓜類，如茄子、節瓜、冬瓜、絲瓜等；水果則有士多啤梨、車厘子、蜜桃、西瓜等；冬天以綠葉菜為主，如白菜、芥蘭、菜心、豆苗、芋頭。蔬菜如番薯苗、馬齒莧則只在春天、初夏當造，要吃就要及時了！

馬齒莧（馬屎莧）
清腸熱、助發育

市面上，在菜檔買到的莧菜大致分為青莧菜、紅莧菜和馬齒莧（馬屎莧）。

馬齒莧還是馬屎莧？食用的其實是野莧菜，廣東人喜歡吃，同時又把野生的莧菜稱為馬齒莧，卻在讀音時喜歡說成「馬屎莧」，較容易發音，以下我們也稱為「馬屎莧」吧！

馬屎莧、野莧菜，其實是莧菜的一種，以其旺盛的生命力吸取泥土礦物質和養分，粗生粗長，食法和味道跟普通莧菜相差不遠，菜味較濃，纖維質也較多。無論葉子、莖、根都可食用。嫩馬屎莧可當作一般莧菜烹煮，老的馬屎莧纖維較粗，味較濃，藥用價值相對較高，可用來滾湯或煲湯。

莧菜含有蛋白質、脂肪、醣類、粗纖維、胡蘿蔔素、維他命 B_1、B_2、C、尼克酸、鈣、磷、鐵、鉀、鈉、鎂、氯等，鐵和鈣的含量比菠菜還高，且不含草酸，不會阻礙鈣質吸收，進入人體後很容易被吸收及利用。

中醫師跟我們說，多吃馬屎莧有助清腸熱、解暑、潤腸、清熱、祛濕。小朋友吃多了薯片、朱古力等零食，趁春夏當造，不妨多煮馬屎莧給孩子清清腸熱，排便更暢通，多多請教中醫師和醫生吧！馬屎莧在香港菜市場不常見，在春季初夏期間，售賣野菜的菜檔有售，我們通常向相熟的檔主訂購或預留。

藥用的馬齒莧，又稱為太陽花，味帶酸，在香港很少當作蔬菜進食，我們在國內試吃，味道頗酸，不太合口味！

金銀蛋肉碎浸馬屎莧

材 料

馬屎莧 6 兩 / 鹹蛋 1 個 / 皮蛋 1 個 / 肉碎 2 兩 / 乾葱頭 1 個

做 法

① 肉碎用豉油、鹽、豆粉及油略醃。

② 鹹蛋黃切大粒；皮蛋切粒。

③ 燒熱油，下乾葱頭起鑊，爆香肉碎，灒大半碗熱水，加入鹹蛋黃，加蓋略煮。

④ 加入皮蛋和馬屎莧，加蓋煮至熟。

⑤ 最後下鹹蛋白調味，即可上碟。

茄 子
維 他 命 P 降 血 壓

茄子，又稱為矮瓜，一般為紫色，亦有青茄子及白茄子，富含蛋白質、脂肪、碳水化合物、維他命、鈣、磷等多種營養素。茄子紫色的外皮含豐富維他命 P，具有強化微絲血管的作用，使微絲血管保持韌性，不致硬化，可預防高血壓、冠心病、動脈硬化等心血管疾病。此外，茄子更含有豐富的蘿蔔鹼、水蘇鹼及其他生物鹼，對降血壓的功效特別顯著（請參閱 p.44 維他命 P）。

夏 天 清 熱 解 毒

茄子味甘，性涼。夏天適宜食用，有助清熱解毒，炎夏容易生痱子及生瘡的人尤其合宜。《本草綱目》說：「茄子性寒利，多食必腹痛下利。」因此，煮茄子時宜加入薑片，以減低寒性。進入秋冬後，茄子則少吃為妙。

茄子的外皮益處多，卻又擔心農藥，挑選原條沒破斷的茄子，烹調前將原條茄子先在水喉下沖洗，用少許食用梳打放在手掌心，摩擦茄子外皮，再放入淡鹽水浸泡 15 至 20 分鐘，用水徹底清洗後才切段處理。

中 式 核 突 堆

「核突」，在廣東話是「醜陋」的意思！

「核突堆」是 Nico 教我的，她說是法國菜「Ratatouille」的發音拼音。「Ratatouille」是法國的燉蔬菜，不同廚師選用的材料各異，主要以茄子、意大利青瓜（Zuccini）、甜青椒、番茄及洋葱，切成粗粒，加入橄欖油及香草燉煮，通常跟肉類或米飯熱吃，又或作為頭盆開胃菜或伴碟菜冷吃。

Nico 版的「中式核突堆」選用勝瓜、節瓜及茄子，切粗粒，加入橄欖油炒熟至軟身即可。無肉不歡的朋友，可加入肉碎同炒。老實說，完成後的樣子……名乎其名，核核突突，不太好看！但味道卻不錯，高纖又有益健康。

材 料

絲瓜 1 個 / 茄子 1 個 / 節瓜 1 個 / 特級初榨橄欖油適量

做 法

① 將絲瓜及節瓜去皮、切粒；茄子洗淨，切粒。

② 橄欖油下鑊，加入茄子粒炒至變軟，下節瓜粒拌炒軟腍，最後加入絲瓜粒炒
   至軟身，灑入鹽調味即成。

小 煮 意

■ 加入瓜粒後，宜下橄欖油拌炒，喜歡的話可加入肉碎，以增加肉香味。

■ 必須注意火候的控制及材料下鍋的次序。

番茄
最 受 歡 迎 的 抗 氧 化 蔬 果

保 護 細 胞 健 康

番茄蘊含多種功能元素，當中的番茄紅素、β-胡蘿蔔素、維他命 C 等，有助抗氧化，避免細胞膜受自由基破壞，從而保護細胞健康，增強人體免疫力，預防細胞癌變。番茄紅素特別有助預防男士前列腺腫瘤；β-胡蘿蔔素配合葉黃素和玉米黃素，相互產生協同作用，有助防治視力減退。

值得一提的是，β-胡蘿蔔素是油溶性物質，烹煮番茄時要加適量油份，才能提取營養，被人體吸收。番茄紅素也需經過烹調步驟，身體才容易吸收，但維他命 C 在高溫下會消失，因此建議生吃番茄才能攝取當中的維他命 C。

宜 去 皮 ， 不 要 農 藥

生吃番茄要先將果蒂摘除，以淡鹽水浸泡半小時後，在流動水下將表皮洗淨。現今的農業大多使用農藥，建議把番茄去皮食用。將番茄沖洗後，在底部輕輕劃上十字，放在滾水十秒鐘，取出放入凍水內，表皮容易剝掉。

番茄，顏色如火般紅噹噹，但屬性寒涼，脾胃虛寒者不宜進食過量。女性行經時忌吃生番茄。胃酸過多者不宜空腹食用，因番茄含有大量氨質和可溶性收斂劑等，食後容易引起胃脹痛。

便宜又養生的街市食材

韓式番茄煎餅

番茄，是我小侄兒的至愛，他最喜歡吃番茄半透明啫喱狀的中心部份。當然，這款番茄煎餅更是他的美味佳餚。

材料

鮮番茄（成熟）2個 / 雞蛋1個 / 麵粉適量

做法

① 鮮番茄洗淨，在底部劃上十字，放入滾水待10秒，去皮，切粗片。
② 番茄片沾上麵粉及蛋汁，再撲上麵粉一次。
③ 燒熱油，下番茄片煎至金黃色，灑少許鹽，上碟享用。

小煮意

■ 建議選用肉茄為佳，水份較少。若番茄水份較多，可去掉中間啫喱狀的籽，或用廚房紙吸乾水份後，才撲上麵粉。

■ 選用的是大番茄，而非車厘茄（經基因改造）。

枸杞葉
護 眼 聖 品

眾所周知，枸杞葉是一種很有益的葉種蔬菜，也是很多家庭主婦心目中「護肝補眼」的蔬菜。以營養角度分析，深綠色葉菜含豐富維他命 A，能保護眼睛、預防夜盲症、治療乾眼症、視網膜色素變性、保護上皮組織（如皮膚表皮細胞）免於乾燥剝落。

中醫學理論所述，肝主目，肝血足則眼睛明亮，視物清楚，肝血不足則兩目乾澀，看不清東西，正是肝和眼的關係，多吃枸杞葉可達到護肝補眼的功效。

枸杞葉除了含維他命 A（胡蘿蔔素），也含蛋白質、多種人體必需氨基酸、脂肪、亞麻油酸，更可促進體內的新陳代謝，防止老化，並含碳水化合物、膳食纖維、維他命 B_1、維他命 B_2、葉酸、烟酸、維他命 C、維他命 E、鉀、鈉、鈣、鎂、鐵、錳、鋅、銅、磷、硒等礦物質。

枸杞葉是寧夏枸杞的菜葉，多分枝、有尖刺，處理時先把整棵長長的莖葉枝浸在淡鹽水片刻，再整棵沖淨，在頂端一手按着莖枝，另一手逆葉而下，很容易將葉和莖枝分開，摘葉時小心尖刺。

枸杞百合
肉片蛋花湯

枸杞嫩苗用以炒菜，略帶甘澀味，食之嫩滑，也能浸菜、煮粥、煮湯。由於莖枝也含營養成份，媽媽將枸杞葉摘下後，習慣把莖枝下鍋熬煮，提取其湯汁，才放入肉及枸杞葉滾湯。除了「枸杞肉片蛋花湯」，素湯「枸杞蛋花湯」也非常甜美。

媽媽愛用枸杞葉煮粥，順德人吃粥，不管是白粥、魚粥或肉粥，也喜歡在碗底放入唐生菜絲，再盛上熱粥。有時也將爆香的菜心粒及枸杞葉，放入熱粥略滾後上碗享用。

材 料
枸杞葉半斤 / 鮮百合 1 大個 / 瘦肉 6 兩 / 雞蛋 1 個（拂勻）/
薑 2 片（切絲）/ 水 4 至 6 碗

做 法
① 枸杞葉、鮮百合及瘦肉洗淨。
② 瘦肉切片，放入鹽、豉油、生粉及油，略醃片刻。
③ 水滾後，加入薑絲和瘦肉至滾，再煮 10 分鐘。
④ 加入鮮百合、枸杞葉煮滾，關火，隨即下蛋液輕拌，最後下鹽調味即成。

豆腐
滑溜溜的蛋白質

豆腐是我國飲食文化歷史悠久的食品，在明代《本草綱目》中，李時珍已詳細記述了製造豆腐的工藝。

黃豆「點滷」法

先將黃豆洗淨，放入水中浸泡，再加一定比例的水磨成生豆漿，倒入布袋擠壓將豆漿榨出，下鍋煮沸，邊煮邊撇去浮着的泡沫。煮好的豆漿需要進行「點滷」以凝固，「點滷」即是加入凝固劑，令大豆蛋白轉變成固態，可分為「鹽滷」和「石膏」兩種：「鹽滷」的主要成份是「氯化鎂」，可提供鎂礦物元素；而「石膏」的主要成份是「硫酸鈣」，可提供鈣含量。

在香港，大部份豆腐主要採用「石膏」作為凝固劑，將石膏水沖入剛煮好的豆漿，用杓子輕輕攪勻待一會，凝結成豆腐花，在 15 分鐘內輕輕舀進鋪上包布的木托盆內，盛滿後用布將豆腐花包起，蓋上木板壓 15 至 30 分鐘即成水豆腐。豆腐的軟硬程度，取決於石膏的份量及壓出多少水份。若要製成豆腐乾，則須在木托盆堆上石頭，盡量壓出水份。

素食者蛋白質之源

豆腐所含的多種營養物質主要來自黃豆，其蛋白質是植物完全蛋白質，含有 8 種人體必需的氨基酸，含量雖不及肉類，但已是素食者補充蛋白質的首選食材。豆腐還含有不飽和脂肪酸、卵磷脂，大豆油脂的亞油酸（人體必需的主要脂肪酸）比例較大，不含膽固醇，不但對人體神經、血管、大腦發育生長有幫助，豐富的大豆異黃酮還可預防心血管病。可是，其嘌呤較高，高尿酸症和痛風病人宜慎用。

中醫書籍記載：「豆腐味甘、性涼。」煮豆腐時加入少量薑，可平衡其涼性。俗話説：「青菜豆腐保平安」，正正是對豆腐營養保健價值的讚美語。

黑 糖 豆 腐 布 丁

媽媽所做的豆腐菜式很多，最愛她做的「手打鮫魚肉蒸釀豆腐」、「釀豆卜燜煮冬瓜」、「老少平安」、「豆腐蒸魚」、「魚香肉碎豆腐」、「回鍋肉煮豆腐」及下火的「鹹魚頭豆腐湯」。媽媽也會把豆腐放進冰箱，結冰後再解凍，壓去水份用來燜餸，做成「冰豆腐紅燒肉」，又或弄一道「滷水豆腐乾」、上海風味的「雪菜豆乾蝦米炒肉碎」，伴上海白麵條吃，一絕！

今次，Nico 就教大家弄個豆腐甜品。

材 料
淡豆漿 500 毫升 / 黑糖 40 克 / 魚膠片 2.5 片

做 法
① 魚膠片用水浸軟，取出備用。
② 煮熱豆漿，加入魚膠片，關火，下黑糖拌勻，待涼，放入雪櫃至凝固即可。

番薯
七 彩 健 康 高 維 他 命

番薯的品種很多，有白色、黃色、橙色、紅色及紫色。一般來說，紅橙色的較甜；黃心的較香；白心的澱粉含量較高；紫心的入口易溶，並含較多抗氧化劑（花青素），深受大眾歡迎。

高 纖 高 鉀 ， 維 他 命 豐 富

番薯是一種非常健康的食品，含鉀量最多，可平衡身體的鈉水平，有降血壓的功效，而且也蘊含不少鈣和磷。番薯的中央部份包含較多維他命，肉色越紅的代表維他命 A 越多，而且番薯維他命 C 的含量也不少，比番茄還多；維他命 E 更是糙米的兩倍，還有維他命 B 呢！

番薯肉主要含澱粉質，脂肪含量少，並有膳食纖維，有助腸胃蠕動，幫助排便（尤其宿便），改善便秘、痔瘡問題。番薯含一種黏液蛋白，是一種多糖和蛋白質的混合物，對養護關節、阻止血管硬化有特效。番薯內的糖化酵素，可將澱粉質慢慢變成糖份，所以烤番薯時有濃郁的焦糖香味。

連 皮 進 食 蛋 白 質 高

蛋白質主要在番薯皮上，吃番薯最好連皮洗淨後，蒸熟連皮趁熱進食，增加消化率，甜味亦濃。如果不吃番薯皮的話，只會攝取到少量蛋白質，香港人不習慣吃番薯皮，最理想是將番薯作為副食。

番薯煮好後，建議趁熱食用，不要冷凍後才吃，因番薯暖和時其澱粉呈柔軟狀態，容易消化。冷凍後，澱粉的分子重組變回硬狀澱粉，難以消化，就如熱飯

好食，冷飯又硬又難吃。在選購番薯時，先要看清楚來源地，觀察表皮是否完整無缺，無黑斑、無腐爛，才放心連皮食用。

近年，西方國家推崇健康主意，流行用番薯做薯條（Yam Fries），並以烤焗方法取代油炸方式。將橙心番薯連皮切成粗條，灑上少許麵粉，烤焗至金黃色，最後灑上調味鹽或楓葉糖漿，賣相和味道真的不錯！

除此之外，番薯嫩葉可清炒，營養及纖維比一般蔬菜高很多，更是時下的健康之選。番薯葉當造時，媽媽會配上腐乳蒜茸炒番薯葉，或加上豬肉包成餃子，味道也不錯。

番薯烙

材 料

紅皮黃心番薯 2 個 / 番薯粉 4 湯匙 / 鹽少許 / 糖粉適量 / 油適量（半煎炸用）

做 法

① 番薯連皮洗淨，切粗條（像薯條粗幼度）。

② 將番薯條略噴濕，灑上少許鹽調味拌勻，再沾上乾番薯粉（每條均勻沾滿）。

③ 取一糰番薯條放在熱油鍋內，半煎炸成圓餅狀，至金黃色後翻轉再煎另一面，瀝乾油份，趁熱灑上糖粉食用。

節 瓜
最 正 氣 瓜 果

明朝醫學家李時珍在《本草綱目》中記述：「節瓜味甘，性平，能生津，止渴，解暑濕，健脾胃，通利大小便。」中醫認為節瓜不寒不熱，相較於寒涼的冬瓜，是「正氣」的瓜類，是體虛者較易吸收食用的蔬果。

節瓜含有碳水化合物、蛋白質、維他命 A、胡蘿蔔素、維他命 B 族（B_1、B_2、核黃素）、維他命 C、果糖、膽鹼、食物纖維、磷、鈣及鐵等礦物質，營養豐富。

節瓜的外型有長有短，要選表面帶絨毛的才好吃。近幾年，街市菜檔出現了節瓜的新品種，外型似長節瓜，可是瓜身「滑嘟嘟」，相信是節瓜和冬瓜的混種，質地和味道尤如節瓜、冬瓜，個人不太喜歡這個品種，失去節瓜特有的質感和味道！

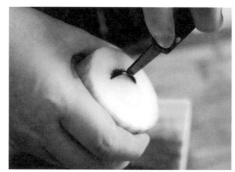

燜 釀 節 瓜

還記得媽媽説:「節瓜最正氣,『大肚婆』(孕婦)都食得!」她更謹慎地每次煮瓜炒菜,都以薑片起鑊,以薑的熱性驅走瓜菜的寒氣!

媽媽説:「要用刀刮去節瓜皮,最好是餐刀,不用太鋒利,瓜身留有少少青。」

材 料
節瓜 3 個 / 肉碎 2 兩 / 炒香芝麻 1 茶匙(研碎)/
大地魚粉 1 茶匙(做法參考 p.148)/ 薑 2 片

做 法
① 節瓜去皮,切去頭尾,切成 3 至 4 厘米圓段。
② 肉碎用豉油、鹽、油和豆粉拌匀,加入芝麻及大地魚粉略醃半小時。

③ 節瓜挖去心（呈中空狀），於內裏塗上少許生粉，釀入已攪拌的肉碎，在兩端肉面塗上生粉。

④ 燒熱油，下鑊煎至金黃色，加薑片，灒熱水，用小火燜至節瓜變軟，加少許鹽調味，待汁液收少即可上碟。

小煮意

- 燜煮時，水的份量不要浸過食物面，大滾後用細火燜煮，不時翻動節瓜，留意汁液的份量。
- 肉碎餡料可加入金華火腿或豆腐等拌勻。

綠 豆
被 推 崇 的 清 熱 佳 品

綠豆含蛋白質、脂肪、碳水化合物、粗纖維、鈣、磷、鐵、胡蘿蔔素、維他命 B_1、B_2 及煙酸，當中的磷脂成份，有助脂溶性維他命（如維他命 A、D、E、K）及胡蘿蔔素吸收，是人體新陳代謝、儲存能量、構成細胞膜及傳導訊息等功能的必需元素。

《本草綱目》對綠豆的養生療疾作用特別重視，李時珍稱讚綠豆為「食中要物」、「菜中佳品」、「甘寒無毒，煮食可消腫下氣，壓熱，解毒」，可做成豆粥、豆飯、豆酒、炒食、麩食，磨而為麵，澄濾取粉⋯⋯水浸濕生白芽（即綠豆芽），「解酒毒、熱毒、利三焦。」綠豆「真濟世之良穀也」。

綠豆味甘、 性涼，清熱解毒、消暑除煩、止渴健胃、利水消腫。由於綠豆性寒涼，脾胃虛弱及寒涼體質的人不宜多吃。都市人經常熬夜少睡，容易導致肝熱，平常吃一碗綠豆沙，有助清肝熱。

原食材 @ 始健康

簡 易 綠 豆 百 合 爽

夏天，媽媽愛煲「臭草海帶綠豆沙」給我們清熱消暑，順德人煲綠豆沙很講究，選用傳統瓦煲，當綠豆煲至豆殼開始脫離時，將之撇去，又見綠豆殼在瓦煲蓋小孔冒出，要快手打開煲蓋，趁豆殼浮面即用多孔杓子把殼撇走。注意把握火候，約做八至十次，再煲長一點時間，綠豆殼臉軟不再浮面，綠豆沙才香滑，功夫非常多！

今次，Nico 教大家煮一個「簡易綠豆百合爽」，方法簡便，且有清熱解暑作用！

材 料
去衣開邊綠豆 4 兩 / 鮮百合 1 包 / 水大半煲（約 6 至 8 杯）/ 片糖 2 片

做 法
① 綠豆洗淨，備用。鮮百合切去根部，去泥，分開百合瓣，洗淨備用。
② 燒熱大半煲水，放入綠豆用中小火煲至剛軟，放入鮮百合及片糖煮至溶，試味後，即可享用。

裙 帶 菜 · 海 帶 · 昆 布
大 海 的 蔬 菜 — 降 血 壓

裙帶菜屬褐海藻類的植物，是海帶科的海草，營養豐富，食用價值較高，譽為海中蔬菜，含有多量的碘及鈣，其蛋白質及鐵的含量比海帶還要多。此外，更含有維他命 A、維他命 B_1、B_2、葉酸、維他命 C、鎂、鈉、多種氨基酸、褐藻膠酸及食物纖維等，有降低血壓和增強血管組織的作用。

裙帶菜的黏液含有褐藻酸及巖藻固醇，具降低血液中膽固醇的功效，有利體內多餘的鈉離子排出，防止腦血栓發生，改善和強化血管，防止動脈硬化及降低高血壓。

巧 妙 配 搭 增 療 效

做裙帶菜料理時，需要注意裙帶菜黏液中的成份具水溶性物質，清洗時不留意的話，這些營養成份會流失。建議處理鹽漬裙帶菜或灰乾裙帶菜時，輕輕洗掉鹽份和雜物即可，若是乾燥裙帶菜，最宜將浸泡的水一起使用，但需注意調味的用鹽量。

給你們一個烹調提示，將青藍色魚身的魚類（含不飽和脂肪酸，可預防血栓）、貝類（含大量礦物質，有效降低血壓）及裙帶菜配搭一起烹煮，如裙帶菜沙律拌沙甸魚、裙帶菜南瓜醬漬鯖魚、裙帶菜豆腐鱈魚湯等，可大大提高裙帶菜的食療功效。

裙帶菜性涼，味甘鹹，有清熱、生津、通便之效，脾胃虛寒、腹瀉便溏之人忌食。海帶、昆布同屬海藻類，營養價值相若，除了作為涼拌菜之外，海帶結燜排骨、海帶絲涼拌豆腐也是不錯的選擇。

裙帶菜沙律拌沙甸魚

沙甸魚含有豐富的蛋白質、不飽和脂肪酸（奧米加 — 3）、維他命 B_{12} 和維他命 D，鈣、磷和硒等礦物質含量也非常高，對預防骨質疏鬆、貧血和心血管疾病有很好的營養價值。罐頭沙甸魚由於加工過程令魚骨軟化，若和魚肉一起進食，其鈣質含量更多。

裙帶菜和沙甸魚都是媽媽的至愛，Nico 特意將這兩款材料做成菜式，甚有心思！

材料
乾裙帶菜 2 湯匙 / 橄欖油浸沙甸魚 1 罐

調味汁
豉油適量 / 麻油 1 湯匙

做法
① 燒滾水一碗，放入裙帶菜煲片刻，發大變軟後瀝乾備用。
② 裙帶菜與調味汁拌勻，上碟，拌沙甸魚同吃。

小煮意
■ 裙帶菜於日韓食品店有售。

紅菜頭（甜菜頭）
大自然超級補品

紅菜頭含豐富鉀、磷、鈣、鎂、碘、鐵、鋅等礦物質，而且胡蘿蔔素、維他命 B_1、B_2、B_9（葉酸）、維他命 C 含量也高，水溶性膳食纖維可促進腸胃蠕動，幫助消化，調整腸道功能，協助礦物質吸收，有助人體獲得均衡的營養。

紅菜頭獨有的甜菜鹼，有助保持肝臟機能健康，清肝、補血，有助抗癌，多吃紅菜頭更有助提升體內的氧氣量。近代科學研究顯示，紅菜頭有助預防血管閉塞，降低血壓和改善心腦系統疾病，是一款優質的抗氧化根莖蔬菜。

甜菜頭除了作蔬菜食用外，更是「俄羅斯雜菜湯」的主要材料，香甜美味。甜菜頭可製成糖，全球大約 20 至 30 % 食糖取自甜菜頭（Sugar Beet），法國、美國、德國、俄羅斯和烏克蘭都是世界五大甜菜糖的生產國。

甜菜根的色素含量極為豐富，主要色素稱為甜菜色素（Batalain），提煉出來的「甜菜紅色」（Betacyanins）對熱、氧氣及光線很敏感，容易褪色，故一般常用於雪糕、凝態酸乳酪、粉狀食品及糖果等。

紅菜頭番茄魚湯

前陣子，家人不幸生病，在治療期間 Nico 每天煲煮這款魚湯，於每天餐前飲用，
營養非常豐富，而且容易吸收。在悉心照顧和飲食調理下，家人現已康復！

材 料

紅菜頭 1 個 / 紅衫魚或馬頭魚 4 條 / 番茄 2 個 / 薑 4 片 / 水 6 至 8 碗

做 法

① 將紅菜頭去皮，切粗片。
② 番茄洗淨，於底部劃上十字，放入熱水待 10 秒，沖水後去皮，切件。
③ 魚洗淨，瀝水備用。
④ 熱鑊下油，放入薑片煎魚至兩邊微金黃，灒熱水至滾，加入紅菜頭及番茄，
　　加蓋，用大火滾至奶白紅色（約 20 分鐘），最後下鹽調味即可。

女 士 恩 物

女士之體質不如男士強壯，食療養生方面的確要花多一點心思。每個女兒家的家庭都有不同的「獨門食療」，由婆婆、嫲嫲、媽媽傳承下來，有別於每個家族不同的飲食習慣、籍貫和鄉土習俗。我們媽媽給我們留下了「鄒家四母女」的「心靈雞湯」，更變成一種思念！

雖說是女士恩物，對女士們有特別的食療功效，其實對男士也適合啊！當然要看個人體質而定，請諮詢你的醫生及專業中醫師。

順德雞蛋薑湯
月經愛心還魂湯

三姊妹每到週期性不適,媽媽會煮「雞蛋薑湯」給我們,以大量薑絲爆香後,煎熟兩隻荷包蛋(至略帶金黃色),加入少許肉片,倒入滾水大火滾至湯汁奶白,灑少許鹽調味。

「雞蛋薑湯」,就是我們母女的「心湯」!

材料
雞蛋或鴨蛋 2 個 / 粗薑絲大半碗 / 豬肉片約 4 兩 / 水 4 至 5 碗

做 法

① 燒熱鑊,加油,下雞蛋煎成荷包蛋,期間放入薑絲以大火一起煎煮。

② 拌入肉片及水,大火滾至湯呈白色(約 10 至 15 分鐘),最後下鹽調味食用。

小 煮 意

■ 多放油爆香薑絲,可達至更佳效果。

小 米
養 生 保 健 米

小米，米粒小小，呈卵圓形，色澤淡黃，含豐富的澱粉質、糖類、蛋白質、色氨酸、脂肪、粗纖維、維他命 B_2、煙酸、鈣、磷、鐵等營養成份。由於小米非常容易被人體消化吸收，故被營養專家稱為「保健米」。

煲小米粥時，粥面浮有一層油狀物，稱之為小米油，營養特別豐富，素有「代參湯」之美譽。小米容易發霉，顆粒變了灰灰綠綠的話，應丟棄勿吃，香港潮濕的氣候，儲存於雪櫃最佳。

133

小 米 養 生 粥

第一次接觸小米，是廿多年前出差瀋陽籌辦產品發布會，早飯是地道的東北自助早餐，簡簡單單，有粥有飯、雞蛋、鹹蛋、鹹菜、包點、饅頭任君選擇。孫總特意端來一碗黃色稀飯，「吃這個好，對女性特別好。」我問：「是甚麼來的？」他說：「是小米粥，我們東北人食這來補身，女的生完小孩也吃這個。」小米不僅是北方喜愛的糧食，也是體弱病者和產婦上好的滋補食品，婦女坐月子，每天習慣吃小米稀飯加紅糖。

材 料
小米 3 至 4 湯匙 / 杞子 1 湯匙 / 紅棗 6 至 8 粒（小顆、去核）/ 水 4 至 6 碗

做 法
① 小米、杞子及紅棗洗淨備用。
② 燒滾水，加入小米滾起後，轉中小火煮至稠，最後加入杞子及紅棗再滾 15 分鐘即可。

小 煮 意
■ 隨個人喜好及濃稠度，可增減小米的份量。喜歡甜吃的，可加少許原糖伴吃。

紅棗
天 然 的 維 他 命

紅棗富含蛋白質及18種氨基酸、脂肪、糖類、胡蘿蔔素、維他命 B 族、維他命 C、維他命 P、鈣、磷、鐵等礦物質。維他命 C 是活性很強的還原性抗氧化物質，參與體內生理氧氣還原過程，防止黑色素慢性沉澱，減少老年斑的出現，維他命 C 在紅棗中的含量，在果品類中名列前茅。

小小的一顆紅棗，益處多多，可提高抗氧化功能，有較強的抗癌、抗過敏作用，增強肌力、消除疲勞、擴張血管、增加心肌收縮力、改善心肌營養，對防治心血管系統疾病有良好的作用。

處 理 紅 棗

坊間售賣的乾棗，大部份經硫磺燻製過，挑選時用鼻子聞一聞，切忌帶有「刺鼻」微酸的氣味，宜挑選完整未去核的棗，試想棗皮破開取核，棗肉很快受細菌感染而腐壞，難免會加入防腐劑，而且腐爛的棗令微生物繁殖，忌食！烹調紅棗時，建議用流動水沖洗，最好以熱開水浸泡，甚至略滾以起殺菌作用，也讓硫磺隨水蒸發掉。

服用維他命 K 補充劑的人士切忌與紅棗同吃，當中的成份會使維他命 K 分解破壞，減低治療作用，徵詢你的中醫師和醫生意見。

紅棗生薑紅糖水

此糖水是我家三姊妹的「還魂湯」，遇上風寒感冒、晚上咳嗽或生理痛時，媽媽
會拍大塊薑煲片糖水給我們飲用，有止夜咳的療效，而且也是補血良湯。

材料
紅棗 5 粒 / 薑 4 片 / 紅糖或原糖 1 湯匙 / 水 1 杯半

做法
① 紅棗洗淨，去核備用。
② 水放入煲內，加入紅棗及薑片滾起，轉慢火煲約 15 分鐘，加入紅糖拌溶，
　 試味即可飲用。

益 母 草
對 女 性 有 益 的 草 藥

益母草，顧名思義，是對母親有益的益草，益母草是為女人而生的草，自古用來治療女性疾病，是女性恩物。益母草更是都市人的良品，中醫認為益母草能滋潤肝陰，對經常外出用膳、捱夜晚睡，容易造成的肝熱有紓緩功效。事實上，益母草不是女性專用草藥，中醫師按體質及病理對症下藥，有需要時不分男女使用。

飲用益母草可使血管擴張，血壓下降，並有效抗腎上腺素的作用，可治動脈硬化性和神經性的高血壓，又能增加子宮運動的頻率。

益母草的嫩莖葉含有蛋白質、碳水化合物、硒、錳等微量元素。硒具有增強免疫細胞活力，緩和動脈粥樣硬化之發生，提高肌體防禦疾病功能之作用。錳能抗氧化、防衰老、抗疲勞及抑制癌細胞增生，故益母草能益顏美容、抗衰防老。

可是，孕婦、服用心血管及血壓藥的人士則忌用，徵詢你的醫生及專業中醫師意見。

鮮益母草雞蛋湯

第一次食用益母草是十多年前在深圳工作，服務員推介的「益母草煮雞蛋」，以清湯浸着幼嫩的連根益母草，有獨特的甘香，高纖維，加上微微的蛋香，蛋絲滑溜，味道很清新！

每逢周五我會到菜市場買兩紮益母草回家，給媽媽弄「益母草蛋花湯」，也用益母草及豬肉包餃子。回到港，偶然在有機或另類菜檔找到幼嫩的益母草（太老的益母草苦澀味很重，而且粗纖維，並不可口）。新鮮益母草要連根食用，硒的含量多存在根部。

材料

新鮮益母草半斤 / 雞蛋 2 個 / 紅棗數粒（去核、切絲）/ 薑 4 片

做法

① 燒熱鑊，下油及薑片，爆香益母草，加入水及紅棗絲滾起，煲約 4 至 6 分鐘，熄火。
② 倒入蛋液略滾成蛋花狀，加鹽調味即可。

小煮意

■ 用薑片爆炒益母草，可去除寒氣。
■ 可先摘去益母草的粗莖，下鍋煲出味道，取出莖，最後才下益母草葉片煮滾。
■ 愛吃甜的可以糖代替鹽，成為美味甜吃。

杞子
補肝造血滋補品

現代研究發現，杞子含有豐富營養素，包括：枸杞多糖、單糖、甜菜鹼、脂肪酸、蛋白質及多肽；油溶性維他命 A、D、E；水溶性維他命 B_1、B_2 及 C；18 種氨基酸（含 8 種必需氨基酸）；鈣、鋅、鎂、鐵、鉀、鉻、錳、磷、鈉、硒等礦物質。枸杞的胡蘿蔔素含量比水果蔬菜還要高。

在古代，杞子被視為珍貴的藥材及名貴的滋補品，現代藥理學研究證實，杞子可強化身體機能；調節機體免疫功能；增強細胞健康，減低突變機會；延緩衰老；促進造血功能等。

中醫認為，杞子補肝腎、補真陰，有助造血功能，尤其調補經血，是女性月經週期很好的滋補食品。需要注意的是，因杞子滋陰潤燥，所以脾虛、腸熱、便爛者不宜食用，應徵詢你的專業中醫師和醫生意見。

建議光顧信譽良好的藥材店，避免購買顏色特別鮮艷紅亮的杞子，小心被色素加工漂染，也要挑選沒「刺鼻」酸性氣味的杞子，否則被硫磺燻製的，有損健康。

杞子飲

這款看似簡單的飲品，持之以恆飲用，使面色紅潤，增補氣血。

材料
杞子 1/3 杯 / 滾水 2/3 杯

做法
將杞子放入杯內，倒入滾水，加蓋焗 15 分鐘即可。

紅豆
令 你 面 色 紅 嚐 嚐

紅豆是三高一低的營養穀類食品，高蛋白質、高碳水化合物、高膳食纖維、低脂肪，還含維他命 B 族、維他命 E、鉀、鈣、鐵、磷、鎂、銅、錳、鋅等多種營養素和微量元素。紅豆有豐富的鐵質，使人氣色紅潤、補血、促進血液循環、強化體力、增強抵抗力，是女性生理期間的滋補佳品。

烹煮前，宜將紅豆沖洗，浸泡一會，挑出腐爛、不整的豆子或砂石，倒去浸泡水，置於箕箕在水喉下沖洗，確保細沙沖走。

紅 豆 栗 子 飯

媽媽對日本食物情有獨鍾，到日本旅遊時，她很喜歡吃「紅豆栗子飯」。原來，日本人喜歡用紅豆做飯，按照日本傳統，在女兒月經初次來潮時，母親會預備一鍋紅豆飯，除有祝福女兒成長的意義之外，也補充來經期間的營養，預防缺鐵性貧血的效果。

材 料
紅豆半碗 / 栗子 1 碗 / 昆布 1 小片 / 黑糖 1 湯匙 / 珍珠米 1 杯

做 法
① 紅豆洗淨；栗子去殼，放入真空煲內，加水滾起，燜煮約 1 小時備用（紅豆煲成粒狀），盛起，紅豆水留用。
② 珍珠米洗淨，加入水及紅豆水（米與水的比例 1:1）浸 15 分鐘，按掣煲飯，加入紅豆、栗子、昆布及黑糖煮至熟即可。

自 家 製 私 房 食 材
吃 出 真 味 道

我家的調味架非常清簡：初榨橄欖油、豉油（無添加防腐劑）、海鹽、原糖、生粉、紹興酒、少量天然香料，就是這麼簡單！

沒有一樽一瓶的現成複合醬料、人造調味料……我們選用天然食材，自家製作調味品、即食調味醬汁或加工食品，確保無添加防腐劑及添加劑。

我們希望……吃出食物的原味。

大 地 魚 粉

自家製的大地魚粉，味道鮮美，可炒芥蘭，製成雲吞餡料、肉餅、肉丸的調味料，或拌麵享用。

將大地魚乾放於明火烘焙，或放入焗爐烤至焦燻香，待涼後，掰成小塊，放入粉碎機或攪拌機打成粉狀，過篩，去掉未碎之魚骨及魚鱗，以玻璃瓶儲存放於冰箱。

自家製私房食材，吃出真味道

豬肉乾

坊間售賣的肉乾，肥肉份量先不要提，還加入了硝酸鹽或亞硝酸鹽作防腐劑及發色劑，高溫烤烘下，容易轉化成致癌物質。自家烘焗的肉乾，天然又衛生，可使用全瘦肉，又不用吃味精。

免治豬肉半斤、鹽半茶匙、生抽 1 茶匙、原糖 1 湯匙、薑汁少許、胡椒粉少許、蒜粉少許、芫茜粉少許（按個人口味加入不同的香料），加入水 2 湯匙、粟粉 1 茶匙及油 1 茶匙攪拌均勻，醃 1 小時或以上。

醃好的免治肉加 2 湯匙糖漿或蜜糖拌勻，取半份放在烤焗紙上，蓋上烤焗紙，用擀麵棒擀薄約 2 至 3mm 厚，撕走上面的烤焗紙，放入預熱 180℃ 的焗爐，焗至金黃色，掃上薄薄糖漿，焗至剛焦香，反轉再焗。餘下肉漿按以上方法重覆焗第二塊。由於沒添加防腐劑，吃不完的豬肉乾需存放於雪櫃。豬肉乾的邊沿容易烘焦，可在烤焗紙剪一個略小的圓形，蓋着邊沿以免燒焦。食用時宜將焦燶部份剪去。

自家製私房食材，吃出真味道

川味榨菜

●右上：新鮮榨菜頭 / 右下：新鮮芥蘭頭

自家做的榨菜，乾淨衛生，且無添加防腐劑，可做成榨菜蒸肉絲、榨菜蝦米炒肉粒。若買不到新鮮榨菜頭，可用新鮮芥蘭頭代之，挑選大個兒及較老身的。

新鮮榨菜頭一般在十二月底至一月期間菜檔有售，貌似芥蘭頭，形狀凹凸不平。

榨菜頭買回來後（約 1 公斤），用刀把略厚的表皮撕掉，在烈日太陽下暴曬兩天，令水份略抽乾，表面會皺縮，再撕掉較厚表皮。將菜頭切開三至四份厚件，以40 克鹽抹勻菜頭，並在烈日下多曬兩天。將菜頭切成半公分（0.5cm）厚片，放入玻璃瓶，相疊之間灑上鹽（約 40 克），並盡量壓實。放入雪櫃冷藏，每星期將壓出的汁液倒出，每次在瓶頂壓上小碟，令菜頭片受壓而釋出汁液。最少放在雪櫃低溫熟化六個月至一年。

熟化完成後，取出菜頭片，以清水沖洗多餘鹽份，用涼開水略沖，以乾淨布或廚房紙吸乾水份，切成榨菜絲，加入薑末、辣椒粉、花椒粉、沙薑粉及胡椒粉混合均勻，最後加入麻油拌勻，放回雪櫃醃一星期，可隨時食用。

鹹 雞 蛋

自家做出來的鹹雞蛋，蛋白和蛋黃較一般市面售賣的鹹蛋細嫩，而且乾淨衛生，不用擔心「黑心食品」蘇丹紅鹹蛋。

預備新鮮雞蛋 12 個，洗淨外殼，抹乾備用。

鍋內放入 2 公升清水，加 600 克粗鹽煲滾，待涼至室溫，倒入乾淨大玻璃瓶內（不要倒入沉澱的鹽），放入雞蛋，以竹籮壓着雞蛋，浸約 28 至 30 天後，取出鹹雞蛋，吹乾蛋殼表面鹽水，放入雪櫃存放，盡快食用。

涼拌醬汁

毋須購買現成醬料，自家新鮮調拌，即吃即拌，可用於涼拌菜，如：涼拌青瓜、冷麵、棒棒雞⋯⋯也可作為火鍋蘸料及沙律醬，不用擔心吃下防腐劑及味精。

將白芝麻 4 湯匙炒香，磨成粉末，加入生抽 2 湯匙、原糖 1 湯匙、芥末籽醬 1 湯匙（或日本芥末醬 Wasabi）、特級初榨橄欖油 4 湯匙、黑芝麻油 4 湯匙、鎮江醋 1 湯匙及白開水 2 湯匙，試味，下少許鹽和胡椒粉調味。

自家製私房食材，吃出真味道

花生醬

坊間樽裝的花生醬，加入了反式脂肪及添加劑使其軟滑，而且容易塗抹。用此自製方法，可製成其他果仁醬，如芝麻醬、腰果醬、合桃醬、杏仁醬等。

將花生肉平放於焗盆，用 160℃ 焗爐（毋須預熱）烤焗至金黃香脆，期間不時翻動花生（焗大約 20 至 30 分鐘）。待涼後，掰除花生衣，用打磨機打成粉末，部份花生可按自己喜愛打成不同的粗幼碎，盛於乾淨的玻璃瓶，加入適量芝麻油或橄欖油調配喜愛的稠度，最後放入雪櫃儲存。

上海鹹肉

我們家會在立冬後、冬至前曬製乾品，於十多度至廿度的溫度、濕度 50 至 60% 以下最佳。由於晚上霧氣太多，宜將乾品收回室內，翌日再曬製。

在家醃製的鹹肉，採用新鮮豬肉製作，不用擔心硝酸鹽或亞硝酸鹽作為防腐劑及發色劑，鹽份隨自己口味調控，放在雪櫃醃製，乾淨衛生。

準備一塊連皮的五花腩肉（請肉販切成 3 吋闊長塊，刮淨豬毛，但不要燒毛以免外皮收縮），洗淨後瀝乾水份，加鹽抹勻腩肉表面（一斤五花腩肉約灑入 60 至 80 克粗鹽），以玻璃餐盒盛好，放入雪櫃醃兩天（隔天翻動腩肉）。至第三天，倒掉盒中血水，再用 20 至 30 克粗鹽搓勻腩肉，再醃三天後可烹調。鹹肉解凍後，以水浸泡去鹽，切厚片，可製成鹹肉菜飯、鹹肉煮百頁，或炒菜做湯均很鮮味。

鹹肉的保存方法非常簡單，將份量切妥，單獨用保鮮紙包好，存放冰格可儲存一段時間（可參考 p.172 冷凍肉類包裝法）。

魚乾

自家製的小魚乾，灑入少量鹽醃製，鹹味沒一般鹹魚的高，而且不用擔心防腐劑問題。

選用單脊骨（沒小刺骨）、薄身的魚為佳，如撻沙魚、牙帶魚、小紅衫魚等。

將新鮮撻沙魚刮去鱗，在魚腹位置劏開，去內臟，洗淨，瀝乾水份，在肚部及厚身魚背位置切雙飛（不用切斷），用鹽搓勻魚內外，醃一小時或以上（冬天氣溫 20℃ 以下，可在室溫醃製，或放入雪櫃醃製最佳）。

用牙籤將魚肚撐開（容易風乾），以小刀在魚身刺穿小孔，用棉繩穿起，掛在衣架於太陽通風處懸曬。

晚間收回室內，以免打霧水。兩三天後魚身風乾至硬，放入塑料袋於冰櫃冷藏。烹調時將魚乾略為沖洗，剪成小塊，加入薑絲及油蒸 5 至 8 分鐘即可。

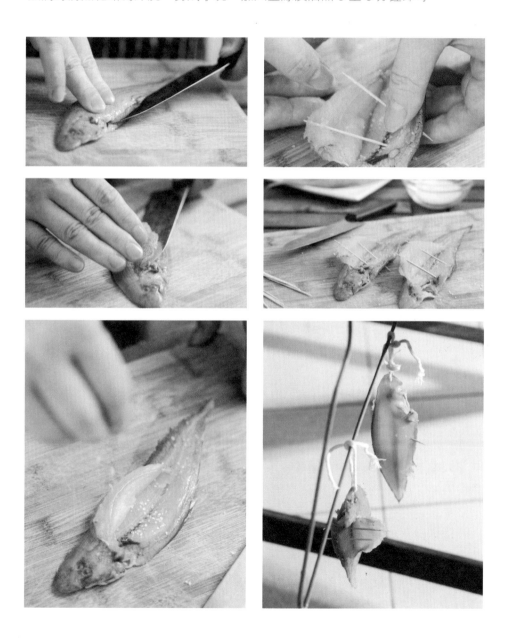

自家製私房食材，吃出真味道

油浸番茄乾

原食材＠始健康

選用番茄汁較少的番茄，洗淨，連皮開邊，去蒂、去內瓤及去籽（啫喱狀），在番茄內外灑入海鹽，排在鋼架上，在烈日當空下曬四小時，翻轉再曬，需時二至三日（需在 50% 以下濕度的天氣才能成功製成，否則放入風乾機或吹風焗爐以 60℃ 慢慢烘乾）。

曬好的番茄乾放入乾淨的玻璃瓶內，倒入初榨橄欖油、蒜粒、意大利紫蘇葉（Italian basil）、黑椒碎及紅椒粉（份量隨意），橄欖油宜蓋過所有材料，放室溫醃製一晚，儲放雪櫃。醃製妥當的番茄乾切碎後，連橄欖油一併可拌意粉或麵包享用。

自家製私房食材，吃出真味道

菜 乾

原棵白菜沖洗乾淨，去除沙泥。燒一大鍋熱水，放入白菜灼 30 至 40 秒，馬上拿出在水喉下沖水冷卻，擠乾水份，一棵棵掛在衣架上，放於太陽通風處吹至徹底乾透，期間每天檢查及翻開白菜內部，確保內外均乾透。

曬好的白菜乾宜放雪櫃保存，平日可煲金銀菜乾豬腱湯或菜乾豬骨粥，香氣四散。

自家製私房食材，吃出真味道

食 物 安 全 由 「 家 」 開 始

回想 2008 年北京奧運,很榮幸能在香港的奧運馬術比賽及殘奧擔任食物安全經理一職,掌管奧運比賽場地,幾十個膳食供應商和幾十個餐飲單位的食物安全重任,是我在食品界廿多年以來,獲得最難忘的經驗。

壓力,當然有。要在二、三個月內完成審批奧運馬術運動員餐單、全場各餐飲單位安全營養膳食菜單;制訂食物安全計劃及監察系統;配合國際奧委會及北京奧委會製定要求,監管和強化膳食供應商生產、營運、加工工藝及衛生流程、產品質量、原材料安全及衛生標準;衛生培訓及設定衛生巡查系統等食物安全工作。

其實,食物安全需要因應整體的營運、架構、菜單、物流、儲存、時間及人手等作出不同的設計和編排,在奧運的大型盛事,參與人數較多,又要短時間加強培訓,實在是很大的挑戰。

餐單的設計除了符合營養要求外,最重要是安全衛生問題。在設計過程中首要剔走「高危食品」(如煙三文魚三文治、布甸等);芝士蛋糕以焗製最安全;早餐沒太陽蛋供應等……每一步,需要百份百的食物安全,每款食物於出爐或上碟前必須確保食物中心溫度達 75℃ 或以上,各食品區更要達到國際食品安全的標準。此外,自助餐區需要監控食物的冷熱溫度、食物展示時間,比一般酒店或食肆,難度更高。

其實,家裏的安全衛生就如奧運廚房的食物安全……一切由基本開始。

洗手、洗手、洗手

香港食環署和衛生署於衛生教育方面做了不少功夫，最喜歡「幕後黑手」的宣傳廣告～「手暗藏邋遢。」不管處理食物前或後，必須徹底洗手，雙手確是傳播微生物的元兇！處理生肉後，雙手更要徹底洗淨消毒，才可處理其他材料和用具，否則造成「生熟交叉感染」。

生肉熟肉三砧板

我家廚房共有三塊砧板：「憲木砧板」（深啡色）、「木砧板」（淺木紋色）和「塑料砧板」（白色）。深啡色砧板切生肉；白色切熟肉及沙律菜，我們特別購買一塊「斬雞專用」的木砧板，以顏色深淺區分，以免弄錯。

微生物最喜歡高蛋白和水份的食物，如肉類、蛋類、奶類食品，不管是生是熟，必須儲存於 4 ℃ 以下的雪櫃，以免變壞。很多被致病細菌污染的食物無色無味，難以分辨，吃了後果嚴重，所以在每個工序上實行嚴格的品質監控，以專業的食品知識和重點控制系統，預防微生物滋生。

記住 …… 要徹底煮熟

建議食物煮至中心溫度達 75 ℃ 或以上（烹調最少 15 秒），就是安全的標準。大侄兒 Curtis 於三、四歲時隨父母吃過小籠包，晚上即入院，經醫生診斷為食物中毒，懷疑小籠包未熟所致！廚師煮食經驗當然重要，但重點控制系統更是可靠，確定了前期測試，訂立餡料的重量和溫度，控制火候、蒸煮時間、每層蒸煮籠數等，就能確保蒸得熟透。

冷存食物確保儲存在 4 ℃ 以下；熱存則在 60 ℃ 以上，確保健康安全。

以下幾篇文章，談談一般的食品安全和營養知識，了解清楚後，無論是購買食物或烹調食物也更容易掌握，而且安全又衛生。

水果蠟
蘋果的新衣

大部份水果和瓜果，表面都有一層薄薄的天然蠟質。從樹上直接摘下水果，可清楚看到水果表面的果蠟，並不是人工合成的化學物質。這層蠟，賦予農作物天然的防禦力，防止水果或瓜果水份蒸發，也使微生物難以在表面立足。

以人工代替天然蠟

當水果收成後運到工廠，水果經過處理，除去表面的灰塵、污垢、微生物和殘留農藥，包裝入盒後運送至世界各地。在清洗過程中，大部份水果蠟被洗掉，令水果快速流失水份，更容易受微生物侵襲，甚至縮短其壽命，不宜長途運送。為了解決這些問題，出現不同種類的果蠟，替代天然的蠟質。

人工添加的水果蠟分為蜂蠟、棕櫚蠟、植樹蠟、蟲蠟或氧化的聚乙烯。前四者在天然物質中提煉出來：蜂蠟來自蜂巢；棕櫚蠟和植物蠟來自樹葉；蟲蠟是印第安「膠蟲」的分泌來保護卵的樹脂。聚乙烯是人工合成的塑膠材料，與高錳酸鉀（$KMnO4$）之類的化學物質起氧化作用後，轉化成蠟質附在水果表面，其安全性也較令人憂慮。

削皮安全進食

水果外層的蠟幾乎不能洗掉，由於不溶於水，並且在室溫下仍保持着固態。有人怕吃了蘋果蠟而削皮，可是卻不能攝取果膠和纖維素。究竟吃蘋果是否削皮？個人認為，察看蘋果的來源國家，考慮該國家對食物安全的重視程度，否則削皮較為安全。

童年時，蘋果品種並不多，主要是美國華盛頓的紅地喱蛇果（Red Delicious）和青蘋果。現時，蘋果的品種增多了（如 Envy、Gala、Fuji、American Fuji…），入口國家來自世界各地，包括日本、紐西蘭、南非、法國、韓國、智利、加拿大及中國內地等，何處生產的蘋果削皮較好，相信大家心中有數。

除了蘋果，其他水果如牛油果、橙、西柚、檸檬、青檸、香蕉、西柚、熱情果、葡萄、青瓜、番茄、甜瓜、桃駁李及布冧等，都經過人工塗噴水果蠟，前八種水果一般不吃皮，毋須擔心水果蠟吃進肚子去，其他水果最好以淡鹽水浸泡一會，再徹底沖洗乾淨才進食，確保洗掉昆蟲卵。

在華盛頓蘋果網站顯示，旗下生產的蘋果，人工添加的水果蠟屬天然水果蠟（Carnauba 或 Shellac），並不含石油成份。Carnauba 是棕櫚蠟，由棕櫚的葉提煉而來；Shellac 則是蟲膠，是印第安「膠蟲」寄居在樹木上，分泌來保護卵的樹脂，兩者均經過美國食品及藥物管理局（Food and Drug Administration）審批，被採用已超越一個世紀，加上用量不多（一磅水果蠟足足可塗噴十六萬個蘋果），一個蘋果大概塗了一小滴水果蠟，相信是安全的。

食 物 添 加 劑
妥 善 監 控 及 運 用

很多人見到加工食品內含防腐劑就避而遠之，其實防腐劑只是食物添加劑中其中一項，放入食物中的防腐劑必須是食品級，符合地區食品法例指定規格及使用劑量範圍。

為 何 需 要 食 物 添 加 劑 ？

現今社會富裕，大家紛紛反樸歸真追求大自然、有機食品。在食物缺乏的年代，或下雪不能捕魚、打獵、種菜的季節，入冬前要將食物好好保存，食物科學家從人類經驗及科學研究，令食物在加工、保存的基礎上無分季節、地區、國家的界限。

一般食物添加劑分為幾類，常見的有防腐劑、色素、香味劑、抗氧化劑、調味劑、穩定劑、酸度調節劑……大部份人只對防腐劑產生恐懼，但毫不介意或沒意識到喝下多少合成香味劑。

每個國家及地區都有不同的食品法規，香港的食品添加劑法例依據《公眾衛生及市政條例》（第 132 章）的附屬法例，列明食物中可加入之添加劑名稱及其使用量，只要使用的添加劑在名單中及不超出使用量，食物皆是安全。放入食品中的化學添加劑經過多年測試及白老鼠試驗，在指定標準內對人體不會有害。防腐劑主要有抑菌或殺菌功能，食品適量地加入防腐劑可抑製細菌生長，甚至防止細菌產生毒素。其實，在毋須添加任何添加劑的情況下，利用加工工藝，也可殺滅或抑製細菌生長，達到保存食物的效果。

節省成本下的犧牲品

我不是「綠色和平」的反對者！隨着年紀漸大，身體更需要天然、新鮮的食物，只是學以致用，善用「食物科學」，也希望食物製造者憑良心製造食物，不要再出現國內那些超標防腐劑食品、三聚氰胺毒奶、蘇丹紅毒鹹蛋、孔雀石綠淡水魚等。

以我對「食物科學」的認識，某類加工食品其實毋須添加「食物添加劑」。除了以食物科技嚴格監控食物材料品質和包裝原材質量，加工工藝流程和設計、環境衛生、個人及生產衛生、生產和儲存溫度……每項監控細節都要一絲不苟，投放的資源、能源、人工、物料等成本，是消費者不知道的。食物不加入香味劑，使用材料的份量必須是坊間的好幾倍，甚至好幾十倍！商業社會以金錢掛帥、以銷售量為重，試問有多少公司願意投放資源和高昂成本？

就如我們設計的椰汁年糕，以純椰汁取代水份，吃起來是天然的椰汁味道，曾有客人反映：「你們的椰汁年糕確是好吃，但香味不及坊間的，煎起來整個場都是椰子味！」我們向她解釋，喝純椰汁有一份原汁原味的味道，但其天然香味遠不及吃一顆加了香味劑的椰子糖，只有加了化學香精才有揮發性，將椰子化學結構分子充斥鼻腔，騙了腦袋！

2011 年在四川成都及重慶考察時，親見衛生部門對食品行業濫用添加劑進行嚴打。2015 年國家決心推行「歷史上最嚴厲」的「食物安全法」，對普羅大眾確實是天大喜事。

不可不知的急凍與解凍

急凍（Freezing），是食物保存方法之一，防止食物腐壞。新鮮食物或加工食品經過低溫急凍處理，可大幅減低食物腐壞和化學反應的速度，食物在零下 18℃ 或以下儲存，可停止微生物生長，防止細菌滋生，大大延長食物的保存期。

真空包裝阻「冷凍燒傷」

以「食物科學」角度而言，急凍食品最能保存食物的營養素，尤對維他命的流失減至最低。工業加工急凍食物，以最短時間內將食物冷凍至 -18℃ 或以下，令食物的水份迅速結冰，盡量保持食物結構原狀，令質地、口感及營養素與新鮮時接近。急凍食品必須配合良好的食物包裝，隔離氧氣才能保存好質量，否則食物在冷凍儲存期間，令食物脱水、氧化，造成「冷凍燒傷」（Freeze Burnt），令肉質「凍乾」。

最好的急凍食品包裝方法是真空包裝，抽走當中的空氣，以包裝物料阻隔氧氣進入包裝內為佳。其中以抗氧塑料複合鋁箔阻隔氧氣，由於成本非常高，大多只在高價食材如 A4、A5 和牛、西班牙黑毛豬、法國鵝肝等肉製品採用。一般急凍食品以塑料膜或塑料袋包裝，抗氧度雖不高，但也有其保護作用。

選購急凍食品時，確保食品未經解凍，仍處於急凍（僵硬）狀態，觀察包裝有否破損？食品表面有否碎冰塊？包裝內食物是否被冰黏成一團？包裝袋內有否白碎冰？以上種種疑問，也意味着急凍食品儲存不當，經解凍後又凍結成冰，除了影響食物質素，微生物在解凍期間或會再度繁殖，即使再冷凍，但細菌在再次解凍期間隨時以天文數字遞增。

適當的解凍法

若急凍食品在解凍過程中處理不當,會令營養流失,尤其是水溶性維他命,甚至增加微生物繁殖的風險。

如何解凍?怎樣才是最佳方法?按照不同的食品或種類,解凍方法也各異。

已加工急凍食品:

- 急凍甜點:如雪糕、雪條,毋須解凍,直接食用。
- 薄餅、烤餅、酥餅、吉列魚塊等產品:一般毋須解凍,按包裝上說明指引直接加熱食用。
- 肉丸類、蔬菜豆類:取出所需食用量,以水略沖洗,馬上煮至中心熱透。

急凍鮮肉:

將原包裝或按食用量放於塑料袋內,放於雪櫃(<4℃)解凍,在 4 ℃以下的溫度範圍,溫差較小,解凍速度慢,水份流失也較少,可保持肉質及營養素。肉類的蛋白質含量高,容易滋生微生物,在 4℃以下解凍能減慢細菌繁殖。

值得一提的是,已解凍的食物切勿再次急凍,應盡快烹調食用。

●坊間購買「冷凍燒傷」的豬腳

懂得保存食物，
不用天天逛街市

記得在加拿大讀食物科學時，每逢星期五最愉快，實驗堂後，與同學到超級市場購買整個星期的糧食。左看右看，買的要挑、不買的也要研究，順道抄寫食品成份、添加劑資料做報告。

是的！購買一整個星期的糧食，並自製「即食食品」的確省回很多時間。現時，我們也會為家中的糧倉做點儲備。

麵包：加拿大售賣的方包以條裝計算，一條有二十、三十塊麵包，大部份留學生都會整條買回來，存放於冰箱，吃時拿兩塊出來烘一烘，猶如新鮮麵包。

鮮肉：按每次烹調的份量，分割成一小份，每份獨立用保鮮紙緊貼表面包好，急凍儲藏，一般可存放一星期。

在家不想日日逛街市買餸，想多儲一點肉類、海鮮以應付不時之需。自家都可以做到真空、隔氧包裝，簡單方便。

① 將每份肉類放入密實袋，整包肉放入水內（袋口在水面，以免入水），水壓會擠出袋裏的空氣，隨即封密袋口拉上。

② 將瀝乾的密實袋肉摺至最小，放在牛油紙中間，對摺後摺口向下，按着肉面摺入，壓出空氣，直至摺壓至肉面，兩邊的牛油紙向內收摺，至完全緊貼肉塊，這樣的牛油紙能阻隔氧氣進入肉包裝內。

③ 最後，用錫紙再包一次，摺法與牛油紙相同，錫紙更有效地增強抗氧功能。按不同的肉類，若包裝及衛生適當，可存放一至六個月或以上。緊記每份肉盡量平放於冰箱冷藏，避免疊起，可令肉迅速降溫至冰點以下。

讀書時，為了省卻烹調時間，每逢星期六自製「即食食品」，煮一大鍋意粉醬，分載至小器皿，每盒一人份量，盡快儲放於冰箱（-18℃）。每到下課後，取出一盒解凍、加熱，焓熟意粉，淋上肉醬，即可品嘗美味晚餐。除了意粉醬，燜牛腩、薯仔燜雞等也可分成小盒冷藏，非常方便。

真空包裝逐格睇：

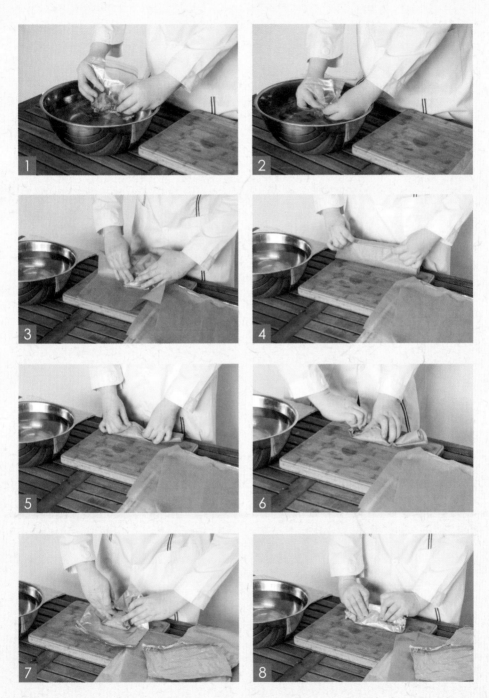

向隔夜菜 say no！

亞硝酸鹽是添加劑的其中一種，有防腐作用，也會天然存在於食物中，或由微生物衍生出來，因此食物衛生、處理、儲存非常重要，以免微生物滋生。硝酸在高溫下會轉化成致癌物質——亞硝酸胺。

多次加熱易致癌

2009 至 2010 年，香港食物安全中心對「本港蔬菜的硝酸鹽和亞硝酸鹽含量」作出風險評估，並進行研究測試，報告發現本港蔬菜中，莧菜、小棠菜、白菜、芥菜、菠菜、黃芽白、芫茜、中芹、西芹、紅菜頭等硝酸成份較高。外國數據也顯示，西蘭花及椰菜花含硝酸不少。

注意進食及處理以上蔬菜時，切忌用高溫和長時間烹煮，並避免進食「隔夜菜」，當中的硝酸物質經多次加熱後容易變成致癌物質（以微波爐烹調或翻熱尤甚），上班族帶飯盒或為小朋友準備午餐飯盒時，要多加留意，避免準備以上的蔬菜，尤其在微波爐加熱的情況下。

公筷減微生物

其實，不管是葷是素，紅燒、清燉、蒸、炒、煮或炸，吃不完或放久了的，亞硝酸成份也會增加，罪魁禍首就是微生物，衍生出亞硝酸或硝酸成份。我家一向使用公筷、公匙的習慣，每餐吃剩的食物不會交叉污染，而且吃不完的馬上以乾淨玻璃餐盒儲存，送入雪櫃冷藏，減低微生物滋生及繁殖的機會，令亞硝酸或硝酸含量不會過高。緊記在 < 4℃冷藏下也不要放太久，建議盡快吃掉，否則應存放於冰格以 -18℃冷凍。

若未習慣使用公筷的話，當然將每餐也吃清光，但吃剩餸菜在所難免，宜花點功夫，把剩餸加熱，冷卻後放入雪櫃，將細菌再次殺掉，以免細菌以倍數遞增及硝酸鹽衍生。大家還是使用公筷好！

有益的「發 mold」食品

發酵 (Fermentation) 是食品加工的其中一項科技，利用益生菌生長期間，把蛋白質分解至不同的氨基酸。在食品工業中，除了豉油、麵豉、腐乳和南乳外，酒、醋、芝士、乳酪、酸奶、泡菜、肉製品、乳酸飲品及麵包等，都是由發酵而製成。

培殖的發酵食品

廣東人説的「發 mold」，即是霉菌或黴菌（Mold），是真菌的一種。微生物主要分為三大類：細菌、病毒和真菌，黴菌和酵母（Yeast）屬於真菌。香港的氣候潮濕溫暖，是微生物最喜歡生長的環境，尤其是霉菌或黴菌。很多食品加工廠一般會添加防腐劑以抗微生物，我和 Nico 創辦的 Passion for Real Food，在優質食品的構思和製作過程中，不添加防腐劑，乾淨衛生當然重要，但在產品配方、營運生產、原材料採購和儲存、食物工藝、包裝、貯存及物流上考慮很多食物安全的因素。

一般食物「發 mold」當然不可吃，但有些發酵食品卻例外，一些黴菌被刻意培殖用於食物生產，如藍芝士（Blue cheese）是發酵後再加入青黴菌製成；豉油、豆瓣醬、豆豉、味噌、麵豉等需要米麴菌發酵；紅糟、南乳和紅露酒等則由紅麴菌發酵製造；發酵臭豆腐的臭滷水也含有多種菌種。

知名的巴馬火腿

大侄兒問我：「香腸表面白色的一層是『發 mold』嗎？」風乾香腸外層的白色塗層，如沙樂美腸（Salami）就是接種黴菌，在熟化過程中提升肉腸和火腿風味，並防止其他雜菌污染肉腸。這些黴菌可説是益生菌，在發酵過程產生乳酸，把肉腸的酸鹼值降低，減低其他雜菌的生長機會，沙樂美腸那種獨特的微酸，就是乳酸的味道。

意大利巴馬火腿（Parma Ham）以黴菌經過醃製、風乾、發酵、熟成 24 至 48 個月而成。巴馬火腿成為世界知名的食品，除了選用優質的豬後腿外，帕爾馬區域獨特的地理位置，一年四季獨有的溫度和濕度，加上山區的微風，在此優越的條件下適合獨特的黴菌生長，提升了巴馬火腿獨一無二的風味。

「孔雀石綠」無鱗魚

中醫常説不要吃「無鱗魚」，包括白鱔（鰻魚）、黃鱔、九肚魚、鯖魚、金槍魚（吞拿魚）、鮫魚、劍魚、長鰭金槍魚、鰹魚、油甘魚、鯡魚等。其實，以食物安全的角度來説，亦存在較大風險，尤其淡水養殖的白鱔及黃鱔，香港最初發現淡水魚含可致癌的化學物「孔雀石綠」就是鰻魚和鰻魚製品。無鱗魚沒有鱗片保護魚身，尤其淡水魚容易感染真菌和原蟲疾病，國內養殖場為了減低經濟風險，不惜使用「孔雀石綠」。

有毒的化學防菌劑

三十年代，世界各地已廣泛使用孔雀石綠養殖水產，不少人視之為有效的抗真菌劑，用以治療魚類的寄生蟲、真菌和原蟲疾病。利用動物進行的實驗研究結果顯示，孔雀石綠會毒害實驗動物的肝臟，出現腫瘤、引致貧血和甲狀腺異常，以及影響胎兒成長，但目前未有證據證實孔雀石綠令人類患癌，建議不適宜在食用魚身上使用。

近年，電視新聞已很少提及「孔雀石綠」，香港食安中心對內地輸港的活魚魚場均有監管。購買時光顧信譽良好的店舖，保持飲食均衡，不要因魚有益而天天進食，應吸收不同種類食物的營養。

九肚魚、白飯魚需慎吃

九肚魚是鹹水魚，和白飯魚一樣，蛋白質高，水份含量多，不易保存，容易腐壞，漁民往往在冰水內加入防腐劑或抗生素，延長九肚魚的新鮮度。有些「黑心」商人以福爾馬林（Formaldehyde，約含 37% 甲醛）作為防腐劑或漂白劑，福爾馬林是實驗室製作生物標本使用的化學品。食安中心在 2009 年 5 月 1 日修定《食物中含甲醛》的風險評估，在某類食物天然含甲醛的基本含量進行檢測及監管。在 2010 年 1 月《白飯魚中的甲醛》作風儉評估。

報告建議公眾光顧可靠的食肆及食品零售商；選購新鮮的魚類，避免購買有異味的魚、肉質較韌的白飯魚；甲醛可溶於水，烹煮前徹底清洗白飯魚；保持均衡飲食，以免偏食而攝入過量化學物。

現時，大眾清洗蔬菜已習慣用淡鹽水浸泡半小時，再徹底沖洗，以防萬一。平常處理潛在危險食物時，也不妨浸泡一下，並要徹底清洗。

監控儲存溫度，別吃中毒魚！

秋刀魚科和鯖魚科的魚，如鯖魚、金槍魚（吞拿魚）、沙甸魚、鮫魚、劍魚、鰹魚、油甘魚、鰶魚、緋魚、黑鮪魚等，含豐富的蛋白質——組氨酸，是兒童成長發育階段人體的必需氨基酸，但若魚被捕捉後或售賣期間儲存不當，溫度高於 10 ℃（溫度越高，降解速度越快、毒性越甚），組氨酸與空氣接觸後，透過魚腸內細菌進行生物酶降解，變成有毒物質——組氨，這些有毒物質不能在高溫烹調時消除，造成鯖魚中毒或組氨中毒（Scombroid Toxicity / Histamine Fish Poisoning），症狀如口部刺痛燙熱、面部通紅及出汗、噁心、嘔吐、頭痛、頭暈、心悸和出疹等，病徵通常在 12 小時內消退，故選購此類魚時，必須挑選新鮮及留意其保存溫度。

別以為魚煮熟、或製成罐頭後可安全食用，其實烹調後的魚肉，組氨酸豐富，即使罐頭吞拿魚一旦開封，接觸空氣後存放溫度不當，容易滋長微生物，組氨酸同樣會變成有毒物質——組氨。

大家必須緊記，吃剩的魚或魚罐頭要妥善用餐盒放好，並立即放入 < 4℃ 的雪櫃保存，而且盡快食用。

高溫下易有毒素

現時香港沒有法例規定魚肉組胺的含量，國際食品法典委員會（Codex Alimentarius Commission，簡稱 CODEX）為不同魚類及魚製品的組胺含量制訂上限，並將多種罐頭魚製品的組胺含量定為每千克魚肉不得超過 200 毫克（200 mg/kg）。

根據消費者委員會於 2006 年，對罐頭三文魚、吞拿魚、沙甸魚、鯖魚和鳳尾魚組胺含量及組胺形成測試結果發現，開罐後的吞拿魚存放於雪櫃（< 4℃），可減低組胺形成的機會。若存放在 33℃ 環境下約 6 小時，組胺含量已超出食品法典委員會的標準，並達到可引致組胺中毒的水平。當樣本在室溫或 33℃ 環境下存放 24 小時後，魚肉樣本的外觀或氣味雖沒有可察覺的異常情況，但組胺含量卻增加至可引致較嚴重中毒情況的水平。

大家必須緊記，絕不可單憑嗅覺確定食物是否變質，要經過監控程序、衛生守則、生產過程、監管存放及控制處理時的溫度和時間來判斷。

發 芽 馬 鈴 薯 、 番 薯 能 吃 嗎 ？

很多人喜歡吃馬鈴薯，煲羅宋湯、煮薯茸、燜雞翼，軟綿微甜，其表皮含有很多礦物質，煲煮羅宋湯時，建議將馬鈴薯連皮洗淨煲煮。選購時先瞭解馬鈴薯的來源地，察看表皮是否完整無缺、無黑斑、無發芽、表皮無變成綠色、無腐爛，才放心連皮食用。

薯 仔 發 芽 變 綠 皆 不 吃

馬鈴薯除了塊莖可食用外，它的根莖、葉、花、果實、種子等全株皆有毒，其毒素是生物碱，主要是茄鹼（Solanin）和毛殼霉碱。茄鹼是一種膽鹼酯酶抑製劑，人畜攝取過量會引起中毒，吃少量會拉肚子，過量則可能造成中毒，休克甚至死亡。早期中毒徵狀包括舌咽麻癢、胃部灼痛、嘔吐、腹瀉，繼而瞳孔散大、耳鳴、興奮，重者抽搐、心跳減慢、精神錯亂、意識喪失、昏迷、甚至死亡等。

若馬鈴薯暴露在光線下，表皮會變成綠色，有毒物質會增加；發芽的馬鈴薯，芽眼部份變成紫色，也會使有毒物質累積，當馬鈴薯一旦出現綠色芽點，或表皮出現綠化現象，甚至發芽，應當扔掉，絕對不可食用！因「綠芽體」已成長，表示毒素已在塊莖內累積及擴散，就算挖掉綠色或發芽部份，還是會攝取毒素的。未烹調的馬鈴薯應避免陽光照射，並存放於雪櫃的生果箱，以免發芽。現時在市面上售賣的馬鈴薯，大部份被「輻照處理」使細胞改變，減低了發芽機會！

全株番薯可食用

那麼，發了小綠芽的番薯可以吃嗎？

番薯有別於馬鈴薯，吃的部份是番薯的地下塊根，其葉子、幼藤、嫩芽皆無毒素，番薯葉更是高纖維蔬菜。番薯發了小綠芽仍然可以進食，只是吃起來有番薯葉的味道！

進食番薯及馬鈴薯的人士，要留意以下幾點：
① 由於番薯、馬鈴薯屬於根部植物，含高澱粉質，糖尿病患者要注意進食份量。
② 馬鈴薯、番薯令人容易滯膩，腸臟有氣或便秘人士慎食。
③ 腸胃道消化功能較差的人，容易導致脹氣，應避免攝取。
④ 腸胃濕熱及瀉下（腹瀉）患者避免食用。

Fresh Lily Bulb
Balance the Yin-Yang of the Respiratory System

Stir-fried Fresh Lily Bulb and Snap Peas with Parma Ham

Ingredients
300 g of Snap Peas / 1 to 2 pieces of Fresh Lily Bulb /
75 g of Minced Pork / 2 slices of Parma Ham / 2 slices of Ginger

Method
1. Slice the Parma ham. Marinate the minced pork with salt, light soy sauce, corn starch and oil.
2. Clean the lily bulbs and tear into petal-like pieces. Rinse thoroughly. (Please refer to p.61 for cleaning procedure.)
3. Rinse the snap peas. Trim and remove the tough strings from pods. Blanch in boiling water with salt and oil. Drain and set aside.
4. Add oil in hot wok. Slightly stir-fry the lily bulbs over high heat. Dish up.
5. Sauté the ginger over high heat, add the pork and Parma ham, stir-fry until cooked. Put in the snap peas and lily bulbs. Sprinkle with water. Season to taste. Thicken the sauce with corn starch solution if necessary. Serve.

Cooking tips
■ A hint of cooking wine can be used to replace water to enhance the aroma.

Sesame Seed
Good Source of Calcium

Rice Vermicelli with Black Sesame Seeds and Cucumber

Ingredients
3 Tbsp. of Black Sesame Seeds / 1/2 piece of Cucumber /
1 portion of Dried Rice Vermicelli / Extra Virgin Olive Oil /
Japanese Soba Sauce (or light soy sauce)

Method
1. Stir fry the black sesame seeds in a dry wok. When cool, grind into sesame seed powder. Set aside.
2. Shred the cucumber. Soak in ice drinking water for half an hour. Drain and set aside.
3. Cook the rice vermicelli. Drain & rinse in cold drinking water. Drain again. Set aside.
4. Place the rice vermicelli into a bowl, top with the shredded cucumber, and then sprinkle with the black sesame seed powder. Add in the olive oil and Japanese soba sauce. Mix well. Serve hot or cold.

Cooking tips
■ Soak the shredded cucumber in ice drinking water for 30 minutes to make it crunchier.

White Rice or Brown Rice
Source of Energy

Millet & Brown Rice with Fresh Lily Bulbs, Pine Nuts and Corn

Ingredients

1/2 bowl of Pine Nuts / 1/2 bowl of Corn Kernel /
1 pack of Fresh Lily Bulbs / 2 cloves of Garlic (finely chopped) /
1 bowl of Brown Rice / 2 Tbsp. of Millet

Method

1. Rinse the brown rice and millet. Soak in water for 15 minutes before cooking (the brown rice to water ratio is 1: 1.1). Cook rice.
2. Clean the lily bulbs and tear into petal-like pieces. Rinse thoroughly. (Please refer to p.61 for cleaning procedure.)
3. Heat oil in wok. Sauté the garlic. Stir-fry the corn kernel and lily bulbs quickly. Season with salt. Thicken with corn starch solution. Add in the cooked rice.
4. Sprinkle with the pine nuts, and mix well. Serve with light soy sauce and cooked oil.

Cooking tips

■ The Vitamin B in brown rice is leached out in soaking water. Use it to cook rice.

Walnut
Healthy & Nourishing

Sweet Walnut & Red Bean Soup with Sesame Seeds and Lily Bulbs
(A Traditional Birthday Dessert in Shunde, China - healthy version)

Ingredients

225 g of Red Beans / 1 bowl of Walnuts /
2 Tbsp. of White Sesame Seeds /
1 bowl of Dried Lily Bulbs (sulfur-free) /
1 small bundle of Mung Bean Vermicelli (around 20 g) /
Rock Sugar / 6 to 8 bowls of Water

Method

1. Rinse the dried lily bulbs. Soak lily bulbs and mung bean vermicelli separately in water until soft. Set aside. Rinse the other ingredients and drain.
2. Cook the red beans, walnuts and white sesame seeds with water. Bring to boil. Simmer on medium-low heat until red beans become tender (about 1 hour).
3. Add the lily bulbs and mung bean vermicelli. Cook until the lily bulbs become tender. Season with the rock sugar to taste. Serve hot.

Cooking tips

■ Fresh lily bulbs can be used to replace dried ones to shorten the cooking time.
■ Raw sugar can be used to replace rock sugar.
■ Coconut milk can be added upon serving.

Wheat (Pasta)
High-fiber and Nutrient-rich

Pork with Green Peas in Tomato Sauce (Serve with pasta)

Ingredients

1 bowl of Frozen Green Peas / 4 Tomatoes /
1/2 bowl of Minced Pork (about 150 g) /
3 Tbsp. of Tomato Ketchup / 1/2 tsp. of Sugar (season to taste) /
1 bowl of Water / any kind of Pasta (made from wheat flour)

Method

1. Marinate the minced pork with light soy sauce, salt, corn starch and oil.
2. Carve a small cross with knife on the skin of the tomato. Put the tomatoes into boiling water and cook for 10 seconds, drain, peel off the skin and dice. Blanch the green peas in boiling water and set aside.
3. Add oil in hot wok. Sauté the green peas. Sprinkle with wine and season with salt. Set aside.
4. Add oil in hot wok. Sauté the pork, then tomatoes. Add water and cook with lid on till tomatoes become soft. (Press the tomatoes with a spatula.) Thicken the sauce with corn starch solution if necessary.
5. Add the green peas and cook until tender with lid on. Season with salt, sugar and tomato ketchup.

Cooking tips

■ Pork with Green Peas in Tomato Sauce can be served with any pasta like spaghetti or fusilli.

Apples and Pears
Natural Anti-oxidants

Apple, Pear Drink with Mai Dong (Ophiopogonis Tuber)

Ingredients

3 Pears / 2 Apples / 2 Tbsp. of Sweet Apricot Kernel /
1 Tbsp. of Bitter Apricot Kernel /
75 to 80 g of Mai Dong (Ophiopogonis tuber) /
8 to 10 bowls of Water / Rock Sugar

Method

1. Peel and core the pears and apples. Cut into 4 wedges each.
2. Remove the tip of the sweet and bitter apricot kernel with scissors.
3. Put the pears, apples, sweet and bitter apricot kernel, and Mai Dong into a pot with water. Bring to boil. Simmer on medium-low heat for 1 hour.
4. Add rock sugar to taste. Serve.

Cooking tips

■ Balance the Yin-Yang effect by adding a few slices of ginger and/or white fungus.
■ Different seasonal fruits like honeydew melon, cantaloupe can be used to replace apples and pears.
■ As pear is rich in potassium, patients suffering from kidney disease should consult their doctors or Chinese medicine practitioners first.

Pork
Your Choice of Protein Source

Stewed Pork Spareribs with 3 Seasonings ("3 cups spareribs")

Ingredients
300 g (1/2 catty) of Pork Sparerib /
1 small cup (about 30 g) of Rock Sugar or Raw Sugar /
1 small cup (about 30 g) of Chinese Sherry Wine (Shao Xing Wine) /
1 small cup (about 30 g) of Light Soy Sauce /
2 slices of Ginger

Method
1. Blanch the spareribs in a pot of water (water should cover the ribs) on high heat. Bring to boil. Drain and rinse thoroughly under running tap water. Drain again and set aside.
2. Add oil in hot wok. Sauté the ginger. Slightly stir-fry the spareribs. Add Shao Xing Wine, light soy sauce and rock sugar.
3. Bring to boil. Simmer on low heat with lid on until tender (about 20 minutes). Reduce the sauce. Serve.

Cooking tips
■ The amount of the 3 seasonings can be adjusted to suit your taste. (The sugar to wine to light soy sauce ratio is 1: 1: 1)

Pork Knuckle
Natural Collagen for Health

Hakka-Style Pork Knuckles with Spicy Ginger

Ingredients
2 Pork Knuckles (about 18 pieces) / 1 stalk of Scallion (sectioned)
a few slices of Ginger / 1 Tbsp. of Salt /
Pure Spicy Ginger Powder or Fresh Spicy Ginger (chopped)

Method
1. Put the pork knuckles in a pot of water (water should cover up the knuckles) on high heat. Bring to boil. Drain and rinse thoroughly under running tap water. Drain again and set aside.
2. Put ginger slices, scallion, salt and the pork knuckles in a pot of water (water should cover up the pork knuckles). Bring to boil. Simmer on low heat with lid on until tender (about 1 hour).
3. Drain the knuckles. Sprinkle with salt and spicy ginger powder or chopped spicy ginger. Season to taste. Serve.

Cooking tips
■ Soak the cooked pork knuckles in ice drinking water for 30 minutes before seasoning to make them crunchier.
■ Keep the broth in refrigerator or freezer for other dishes.

Fish
Good Source of DHA and EPA

Steamed Fish Fillet and Tofu

Ingredients
1 fillet of Grass Carp /
2 cubes of Cloth-Wrapped Tofu (or 1 box of Tofu for "frying") /
2 Tbsp. of Shredded Ginger / 1/2 bowl of Diced Scallion

Method
1. Rinse the grass carp fillet. Drain and cut into butterflied slices. Marinate with light soy sauce, corn starch, salt and oil. Set aside.
2. Cut the tofu into thick pieces. Lay on a plate, top with the grass carp fillet and shredded ginger.
3. Steam with boiling water over high heat for 6 to 8 minutes. Discard the condensation on the plate and sprinkle with the diced scallion. Drizzle with hot oil and light soy sauce. Serve.

Eggs
Don't skip the egg yolk | Valuable Nutrients

Egg and Sweet Yam (Sweet Potato) Salad

Ingredients
600 g of Sweet Yam (Sweet Potato) /
4 Eggs (hard-boiled, shelled and diced) /
Mayonnaise / Salt / 1 clove of Shallot (finely chopped)

Method
1. Cook the sweet yam in boiling water. Peel and mash into coarse puree. Add the diced eggs and mix well.
2. Add mayonnaise, salt and shallot for seasoning.
3. Serve with toast.

Ginger
A Common Spice, but Uncommon Therapeutic Effect

Sweet Yam (Sweet Potato) & Fresh Lily Bulb in Sweet Gingery Soup with Egg

Ingredients
1 piece of Ginger /
3 to 4 pieces of Sweet Yam (Sweet Potato, red skin & yellow flesh) /
2 pieces of Slab Sugar /
2 pieces of Fresh Lily Bulb (cleaned, refer to p.61) /
Shelled Hard-Boiled Eggs / 4 to 6 bowls of Water

Method
1. Rinse the ginger with peel on. Cut into wedges. Slightly pound the ginger wedges.
2. Put the ginger and slab sugar in a pot with water. Bring to boil. Keep boiling on medium heat for 15 to 20 minutes to extract the taste and aroma of ginger.
3. Wash the sweet yam and cut into wedges. Add in sugar broth. Bring to boil. Simmer on low heat with lid on until tender (about 20 minutes).
4. Add the lily bulb petals.
5. Serve with the hard-boiled eggs.

Edible Amaranth
Balance the Yin-Yang of the Digestive System

Edible Amaranth with Minced Pork, Salted Egg and Thousand Year Egg

Ingredients
225 g of Edible Amaranth (washed, with root) / 1 Salted Egg /
1 Thousand Year Egg / 75 g Minced Pork / 1 clove of Shallot

Method
1. Marinate the minced pork with light soy sauce, salt, corn starch and oil.
2. Coarsely dice the salted egg yolk and the thousand year egg separately.
3. Add oil in hot wok and sauté the shallot. Slightly stir-fry the minced pork. Add in half a bowl of hot water. Add the salted egg yolk and cook with lid on for a while.
4. Add diced thousand year egg and edible amaranth. Cook with lid on until done.
5. Add the salted egg white for seasoning. Serve.

Eggplants
Good Source of Vitamin P |
Good Balance of Blood Pressure

Chinese Style "Ratatouille"
(Stir-fried Eggplant with Angled Luffa and Fuzzy Melon)

Ingredients
1 Angled Luffa / 1 Eggplant / 1 Fuzzy Melon /
Extra Virgin Olive Oil

Method
1. Peel and dice the angled luffa and fuzzy melon. Rinse and dice the eggplant.
2. Add olive oil in warm wok. Add the eggplant and stir-fry until tender. Put in the diced fuzzy melon and stir-fry in wok together with the eggplant until tender. Finally add the angled luffa dices and stir-fry until soft. Season with salt. Serve.

Cooking tips
- Olive oil can be added gradually during stir-frying each of the veggie dices. Minced pork may be added in the recipe for a savory dish.
- The cooking sequence of ingredients and the control of heat are crucial to the success of the dish.

Tomato
Natural Anti-oxidants

Deep-fried Tomato Slices in Korean Style

Ingredients
2 Tomatoes / 1 Egg (beaten) / Wheat Flour

Method
1. Carve a small cross with knife on the skin of the tomato. Put the tomatoes into boiling water and cook for 10 seconds. Drain, skin and thickly slice them.
2. Coat the sliced tomato with the flour and egg wash, and then coat again with the flour.
3. Heat oil in pan for deep-frying. Add in coated tomato slices one by one. Turn over if necessary until golden. Sprinkle with salt to taste. Serve hot.

Cooking tips
- Plum tomato contains less juice, and is more suitable for making this dish. The jelly-like seed pulp of tomato can be scooped out. Dry the flesh with paper towel before dusting with flour.
- Cherry tomato is not recommended for this recipe.

Healthy & Inexpensive Food Ingredients You Can Find in a Wet Market

Chinese Wolfberry Leaves
Rich in Pro-vitamin A | Keep Your Eyes Healthy

Chinese Wolfberry Leaves & Lily Bulb Soup with Pork and Egg

Ingredients

300 g (1/2 catty) of Chinese Wolfberry Leaves /
1 piece of Fresh Lily Bulb (refer to p.61) /
225 g of Lean Pork / 1 Egg (beaten) /
2 slices of Ginger (shredded) / 4 to 6 bowls of Water

Method

1. Wash and rinse the Chinese wolfberry leaves, lily bulb and lean pork separately.
2. Slice the pork and marinate with salt, light soy sauce, corn starch and oil.
3. Put the ginger and pork slices in a pot of water. Bring to boil for 10 minutes.
4. Add the lily bulb and Chinese wolfberry leaves. Bring to boil. Turn the heat off. Gradually add the beaten egg in soup and stir gently. Season with salt. Serve.

Tofu
Good Protein Source for Vegetarian

Tofu Pudding with Brown Sugar

Ingredients

500 ml of Plain Soy Milk / 40 g of Brown Sugar /
2.5 slices of Gelatin Sheet

Method

1. Soak the gelatin sheets in water until soften. Drain and set aside.
2. Heat the soy milk in a saucepan until slightly boiled. Dissolve the gelatin sheets in soy milk. Remove from heat. Add in brown sugar and stir well. Pour pudding into dessert cups. Cool down. Put in refrigerator till pudding sets. Serve cold.

Sweet Yam (Sweet Potato)
High Fiber and Rich in Vitamin

Yam Fries Patty

Ingredients

2 Sweet Yams (Sweet Potato, red skin & yellow flesh) /
4 Tbsp. of Sweet Yam Starch (Sweet Potato Starch) /
Salt / Icing Sugar / Oil (for shallow frying)

Method

1. Wash and rinse the sweet yams (with skin on) thoroughly and slice into yam fries.
2. Slightly spray the yam fries with water. Season with a dash of salt and mix well. Coat the yam fries with the sweet yam starch evenly.
3. Heat oil in wok for shallow frying. Add in a bundle of yam fries (shape into a patty). Shallow fry until golden brown on both sides. Drain. Sprinkle with icing sugar. Serve hot.

Fuzzy Melon
Neutral Food in Yin Yang Balance

Stuffed Fuzzy Melon with Pork

Ingredients

3 Fuzzy Melons / 75 g of Minced Pork /
1 tsp. of Toasted Sesame Seeds (grated) /
1 tsp. Flatfish Powder (refer to p.193) /
2 slices of Ginger

Method

1. Slightly peel the fuzzy melon (keep some green on the surface). Trim the ends off and section into 3 to 4 cm slices.
2. Marinate the minced pork with light soy sauce, salt, corn starch and oil. Add the grated sesame seeds and flatfish powder and mix well.
3. Scoop out the white pulp in the center of the fuzzy melon. Dust some starch onto the surface. Stuff in the minced pork. Dust the meat surface with starch.
4. Add oil in hot wok and pan-fry both sides of the meat stuffing until golden. Add in the ginger, sprinkle with hot water (half level of the fuzzy melon), and simmer until tender. Reduce the sauce and season with salt. Serve.

Cooking tips

■ Turn the fuzzy melon from time to time during cooking to ensure the whole piece is thoroughly cooked till tender.

■ Besides flatfish powder, other ingredients like Jinhua ham and tofu can also be added in the minced pork.

Healthy & Inexpensive Food Ingredients You Can Find in a Wet Market

Mung Bean (Green Bean)
"Cooling" ~ Balance the Yin Yang of Organs

Mung Bean and Lily Bulb Sweet Soup

Ingredients
150 g of Shelled Mung Beans / 1 pack of Fresh Lily Bulbs (4 - 5 pieces) / half a pot of Water (about 6 to 8 bowls) / 2 pieces of Slab Sugar

Method
1. Rinse the mung beans and set aside. Clean the lily bulbs. Tear into petal-like pieces and rinse thoroughly. (Please refer to p.61 for cleaning procedure.)
2. Put mung beans in a pot with water. Bring to boil. Simmer on medium-low heat until just tender. Add the lily bulbs and then slab sugar till dissolved and season to taste. Serve.

Wakame, Seaweed, Kombu
Rich in Minerals

Wakame Salad Served with Sardine

Ingredients
2 Tbsp. of Dried Wakame / 1 can of Canned Sardines in olive oil

Salad dressing
Light Soy Sauce / 1 Tbsp. of Sesame Oil

Method
1. Rehydrate and cook the wakame in boiling water. Drain. Set aside.
2. Toss the wakame in the salad dressing. Serve with sardines.

Cooking tips
■ Wakame is available in Japanese or Korean food stores.

Healthy & Inexpensive Food Ingredients You Can Find in a Wet Market

Beetroot
Natural Source of Health Supplements

Fish Soup with Beetroot and Tomato

Ingredients

1 Beetroot / 4 tails of Fish (Golden Threadfin Bream or Tile Fish) /
2 Tomatoes / 4 slices of Ginger / 6 to 8 bowls of Hot Water

Method

1. Peel and slice the beetroot.
2. Carve a small cross with knife on the skin of the tomato. Put the tomatoes into boiling water and cook for 10 seconds. Drain, peel off the skin and cut into wedges.
3. Clean the fishes. Rinse thoroughly, drain and set aside.
4. Add oil in hot wok. Sauté the ginger and slightly pan-fry the fishes. Pour in hot water and bring to boil. Add in beetroot and tomatoes. Keep boiling on high heat with lid on until the soup turns "milky red" (about 15 to 20 minutes). Season with salt. Serve hot.

Simple Dish to Nourish Your Blood

Shunde-Style Egg and Ginger Soup

Ingredients

2 Eggs / 1/2 bowl of Shredded Ginger /
150 g of Sliced Pork / 4 to 5 bowls of Water

Method

1. Add oil in hot wok and pan fry the eggs. Sauté the shredded ginger until golden brown on high heat.
2. Add sliced pork and water. Cook over high heat until the soup turns "milky" (about 10 to 15 minutes). Season with salt. Serve.

Cooking tips

■ To better extract volatile oil and essential elements, sauté the ginger with a little bit more oil.

Healthy & Inexpensive Food Ingredients You Can Find in a Wet Market

Millet
Traditional Nutritious Food

Millet Congee with Red Date and Goji (Wolfberry)

Ingredients

3 to 4 Tbsp. of Millet / 1 Tbsp. of Goji (Wolfberry) /
6 to 8 Red Dates (dried, small, pitted) /
4 to 6 bowls of Water

Method

1. Rinse the millet, goji and red dates separately. Set aside.
2. Put millet in a pot of water. Bring to boil. Simmer on medium-low heat until congee is done. Add the goji and red dates and cook for another 15 minutes. Serve.

Cooking tips

■ Add more millet for thicker congee. Sweeten the congee with raw sugar is necessary.

Red Dates
Natural Vitamin and Iron Supplement

Red Dates & Ginger Drink with Brown Sugar

Ingredients

5 Red Dates (dried, small) / 4 slices of Ginger /
1 Tbsp. of Brown Sugar or Raw Sugar / 1.5 cups of Water

Method

1. Rinse and pit the red dates. Set aside.
2. Put the red dates and ginger in a pot of water. Bring to boil and simmer on low heat for about 15 minutes. Add in brown sugar. Serve hot.

Motherwort (Herba Leonuri)
Natural Herb @ a Gift to Women

Fresh Motherwort and Egg Soup

Ingredients
300 g of Fresh Motherwort / 2 Eggs (beaten) /
a few Red Dates (dried, pitted and shredded) / 4 slices of Ginger

Method
1. Add oil in hot wok and sauté ginger. Add in the motherwort and slightly stir fry. Add water and the red dates. Bring to boil for 4 to 6 minutes. Remove from heat.
2. Pour in the beaten egg gradually. Season with salt. Serve.

Cooking tips
- Motherwort is slightly "cold" in nature according to Chinese medical theory. Stir-frying motherwort with ginger can help expel "cold".
- The tough stems of motherwort can be cooked in soup for better extraction of essential elements/ nutrients. Add the young leaves then.
- If you have a sweet tooth, sweeten the soup with raw sugar to make it into a delicious dessert.

Wolfberry (Goji Berry)
Strengthen the Immune System

Goji (Wolfberry) Drink

Ingredients
1/3 cup of Goji (Wolfberry) / 2/3 cup of Boiling Water

Method
Put the goji in a cup and pour in the boiling water. Cover with a lid and rest for 15 minutes. Serve.

Red Beans
3 High – 1 Low
(High Protein, High Carbohydrate, High Fiber and Low Fat)

Red Bean and Chestnut Rice

Ingredients
1/2 bowl of Red Beans / 1 bowl of Chestnuts /
1 small piece of Kombu / 1 Tbsp. of Brown Sugar /
1 cup of Short Grain Rice

Method
1. Rinse the red beans. Shell and peel the chestnuts. Fill a pot
   with water. Bring to boil. Simmer on low heat until just tender
   (not mashed). Drain. Set aside. Keep the "red bean liquid" for
   cooking rice.
2. Rinse the short grain rice. Measure the water portion together
   with the "red bean liquid" (The rice to liquid ratio is 1:1). Keep
   the rice in rice cooker for 15 minutes before cooking. Then add
   the red beans, chestnuts, kombu and brown sugar. Cook until
   done. Serve.

Dried Flatfish Powder

Bake the Dried Flatfish until golden brown. Tear into small pieces
after cooling down. Grind into powder with an electrical grinder.
Sift the residual bones and scales out. Keep the flatfish powder in
a glass jar and store in a freezer. It can be used as seasoning or
flavor enhancer for stir-frying Chinese kale, wonton fillings, meat
balls or patties, or served with noodles.

Pork Jerky

Marinate 300 g of Minced Pork with 1/2 tsp. of Salt, 1 tsp. of Light Soy Sauce, 1 Tbsp. of Raw Sugar, a little bit of Ginger Juice, a dash of White Pepper, Garlic Powder and Coriander Powder (you can add your favorite spices combination), and mix well. Finally, add 2 Tbsp. of Water, 1 tsp. of Corn Starch and 1 tsp. of Oil. Keep in refrigerator for at least 1 hour before baking.

Before baking, add 2 Tbsp. of Syrup or Honey in the meat mixture. Place half portion of the meat mixture onto a sheet of baking paper. Cover it with another piece of paper. Flatten the meat mixture with a rolling pin (2 to 3 mm in thickness). Remove the baking paper on the top. Preheat the oven to 180°C. Bake the flattened meat mixture until golden brown on both sides. Slightly brush on syrup. Keep baking for 1 more minute. As no preservative is added, the pork jerky must be stored in a refrigerator.

Do the same for the remaining meat mixture.

* The edge of the pork jerky can easily be overcooked. Cut a small hole from the center of the baking paper and then lay the paper over the pork jerky to avoid direct baking of the edge. Trim off the burnt edges.

Enjoy the Real Taste of Homemade Food Products

Sichuan Pickled Vegetables (Zha Cai)

Trim the Sichuan Mustard Green Stem (~ 1 kg) and sun-dry for 2 days. Cut it into three or four wedges and trim again. Rub them with 40 g of Sea Salt, expose to sunlight for another two days. Slice them and sprinkle another 40 g of Sea Salt and press them in a clean glass jar tightly. Keep the jar in refrigerator to cure for six to twelve months. Discard the liquid in the jar from time to time and press the top with weighs to squeeze out excess liquid.

After aging, wash the cured slices. Rinse them with cool drinking water and dry with paper towel. Julienne and season with Ground Ginger, Red Chili Powder, Sichuan Peppercorn Powder, Spicy Ginger Powder, White Pepper Powder, and Sesame Oil. Marinate for at least one more week before consumption.

* If Sichuan Mustard Green Stem is out of stock. Kohlrabi can be used to substitute it.

Salted Chicken Egg

Produce your homemade salted eggs in hygienic condition with more tender texture and mouthfeel.

Wash and dry 12 fresh Eggs. Boil 600 g of Sea Salt in 2 L. of Water. Pour the cooled brine in a clean glass jar (discard any sediment of excess salt). Soak in the eggs and put a clean bamboo mat on top to avoid floating of eggs (make sure all eggs are immersed in the brine). Leave jar in a cool dry place for 28 to 30 days. Drain and air-dry the brine on the surface of egg shell. Store the salted eggs in refrigerator. Make your favorite dishes with homemade salted eggs as soon as possible.

All-purpose Sauce

Grind 4 Tbsp. of Toasted White Sesame Seeds into powder. Mix in 2 Tbsp. of Light Soy Sauce, 1 Tbsp. of Raw Sugar, 1 Tbsp. of Mustard (or wasabi), 4 Tbsp. of Extra Virgin Olive Oil, 4 Tbsp. of Black Sesame Oil, 1 Tbsp. of Black Vinegar (Zhenjiang Vinegar) and 2 Tbsp. of Drinking Water. Season with Salt and Pepper. It can be used as dressing for cold dishes, salads and dipping sauce for hot-pot or seafood.

Peanut Butter

Bake shelled Peanuts at 160°C oven (no need to preheat the oven) until golden and crispy (about 20 to 30 minutes). Turn the peanuts from time to time for even baking. Peel off the baked peanuts and grind to powder (the texture of the peanut paste is at your own taste). Put it into a glass jar, add in Sesame Oil or Olive Oil, and store in refrigerator. As no food additive is added, sedimentation of peanut paste will take place. Mix well before serving.

Enjoy the Real Taste of Homemade Food Products

Homemade
Sun-dried Food Products

The optimum temperature for sun-drying of food should be below 20°C while relative humidity should be below 50%. Every year, we make use of the few days before Winter Solstice to sun dry some food products and stock up for consumption at the Chinese New Year.

The control of water content in food is crucial to sun-drying. For better results, food being sun-dried must be kept indoors at night and dry under the sun outdoors during daytime.

Salted Pork Belly, Shanghai style

Prepare a piece of Pork Belly of around 3 inches x 10 inches in size. Remove hair on the meat. Wash and drain well. Rub with Sea Salt (60 to 80 g of Sea Salt per catty / 600 g of Pork Belly). Store in a glass food container and keep refrigerated for two days (turn the pork on Day 2). Discard the liquid in the container. Rub the belly with an extra 20 to 30 g of Sea Salt, and cure for three more days in refrigerator. Before cooking, cut the required portion. Rinse it in tap water or soak it in water to reduce the salt content.

The longer the curing time of the salted pork belly, the better the taste of aging.

Enjoy the Real Taste of Homemade Food Products

Dried Fish

Flatfish species (Thin flesh fish) like Sole, Largescale Tonguesole, Fourlined Tonguesole or small Threadfin Breams is suitable for sun drying.

Wash and rinse the fish thoroughly. Drain. Butterfly the flesh near the organ cavity of the fish. Rub the fish with Sea Salt evenly and marinate for at least one hour. Leave it at room temperature if below 20°C. Otherwise, keep it in refrigerator during marinating.

A toothpick can be used to enlarge the surface area of the fish flesh at the organ cavity for exposure to sunlight. Hang up the fish in an outdoor place with sunshine and good ventilation.

Keep indoors at night to prevent air condensation. The fish will dry out and become harder after drying for a couple of days. Store in a plastic bag and keep refrigerating. For consumption, steam the dried fish with shredded ginger and oil for 5 to 8 minutes.

Sun-dried Tomatoes in Olive Oil

Wash and rinse the Tomatoes thoroughly. Stem and cut the tomato in half. Scoop out the jelly pulp or seed in the center. Paper dry if necessary. Sprinkle Sea Salt on the pulp and air dry under sunshine for two or three days. Turn the tomato every four hours for even exposure to sunlight. If relative humidity is above 50%, the tomato halves can be dried in a convection oven at low heat ~60 °C with fan on.

Put the dried tomatoes in a glass jar with chopped Garlic, Italian Basil, Crushed Black Pepper and Chili. Cover up all the ingredients with Extra Virgin Olive Oil. Leave them at room temperature overnight and then keep in refrigerator.

Dice the sun-dried tomatoes and toss in spaghetti with olive oil or on toast.

Enjoy the Real Taste of Homemade Food Products

Dried Vegetables

Soak the whole stalk of Chinese White Cabbage (Pok Choy) in water for 30 minutes and wash thoroughly. Remove all sand and dirt between stems. Blanch in boiling water for 30 to 40 seconds. Cool the veggie immediately under running tap water or ice water. Squeeze out the excess water and hang each stalk up separately outdoors under sunshine with good ventilation. Turn each stalk of Pok Choy every other day. The Pok Choy should be dried in a couple of days. Store the dried vegetable in refrigerator.

原 食 材 @ 始 健 康　*Passion for Real Food*

作者　Author
鄒潔瑜、鄒潔慧　Linda Chow & Nico Chow

策劃 / 編輯　Project Editor
Karen Kan

攝影　Photographer
梁細權　Leung Sai Kuen

封面攝影及書面平面設計　Cover Photo Shooting & Cover Graphics Design
鄒易衡　Chris Chow

美術設計　Design
Charlotte Chau

出版者　Publisher
Forms Kitchen
香港鰂魚涌英皇道 1065 號　Room 1305, Eastern Centre, 1065 King's Road,
東達中心 1305 室　Quarry Bay, Hong Kong
電話　Tel　2564 7511
傳真　Fax　2565 5539
電郵　Email info@wanlibk.com
網址　Web Site　http//www.formspub.com
　　　http//www.facebook.com/formspub

發行者　Distributor
香港聯合書刊物流有限公司　SUP Publishing Logistics (HK) Ltd.
香港新界大埔汀麗路 36 號　3/F., C&C Building, 36 Ting Lai Road,
中華商務印刷大廈 3 字樓　Tai Po, N.T., Hong Kong
電話　Tel　2150 2100
傳真　Fax　2407 3062
電郵　Email info@suplogistics.com.hk

承印者　Printer
百樂門印刷有限公司　Paramount Printing Company Limited

出版日期　Publishing Date
二零一六年七月第一次印刷　First print in July 2016

瀏覽網站

會員申請

ISBN　978-962-14-6058-5